高等学校"十三五"规划教材

物理化学实验

第二版

邵 晨　许炎妹　主编

化学工业出版社

·北京·

《物理化学实验》(第二版)共分为四个部分：第 1 部分为绪论，主要介绍物理化学实验的目的、要求和注意事项，物理化学实验数据的测量与处理，物理化学实验的安全知识；第 2 部分为实验，共编入二十个实验，内容涉及热力学、电化学、动力学、表面现象和胶体化学，各实验均加入了预习要求、注意事项和讨论，部分实验还添加了利用计算机处理实验数据的内容，以提高学生的计算机应用能力；第 3 部分对物理化学实验的基本知识与技术作了较详细的介绍；第 4 部分为附录，附有物理化学实验常用数据表，便于学生查阅和引用。

《物理化学实验》(第二版)重点突出，实用性强，适用于化工、环境、高分子、材料及食品、烟草、生物等专业，同时也可供同类院校及相关专业人员使用与参考。

图书在版编目 (CIP) 数据

物理化学实验/邵晨，许炎妹主编. —2 版 . —北京：
化学工业出版社，2018.8 (2024.1重印)

高等学校"十三五"规划教材

ISBN 978-7-122-32586-0

Ⅰ.①物… Ⅱ.①邵…②许… Ⅲ.①物理化学-化学实验-高等学校-教材 Ⅳ.①O64-33

中国版本图书馆 CIP 数据核字（2018）第 149283 号

责任编辑：宋林青　　　　　　　　　　装帧设计：关　飞
责任校对：边　涛

出版发行：化学工业出版社（北京市东城区青年湖南街 13 号　邮政编码 100011）
印　　装：北京科印技术咨询服务有限公司数码印刷分部
787mm×1092mm　1/16　印张 9¼　字数 225 千字　2024 年 1 月北京第 2 版第 4 次印刷

购书咨询：010-64518888　　　　　　　　售后服务：010-64518899
网　　址：http://www.cip.com.cn

前　言

　　《物理化学实验》一书自 2009 年出版后，在我校及其他兄弟院校已使用多年，对物理化学实验教学起到了一定的促进作用。在使用过程中，教师、同学们也发现了一些问题和不足之处，因此我们对本书进行了再版修订。

　　本次修订主要是针对本书中部分实验中存在的问题、疏漏以及在多年实验教学实践中发现的可改进之处进行了修订。另外，考虑到实验教材的更新速度肯定跟不上仪器型号的更新速度，且实验教材更应着重于实验原理、目的、步骤、注意事项等方面的论述，仪器操作说明能满足实验的基本测定需要即可，故本次再版介绍的实验仪器仍是大部分院校普遍采用的型号。

　　本次修订工作由郑州轻工业学院邵晨、董文惠、绪连彩、陈俊利、户敏、陈秀菊完成，许炎妹老师对本书提出了很好的修改意见，全书由邵晨、许炎妹负责统稿并任主编。

　　由于我们水平有限，加之时间仓促，疏漏之处在所难免，恳请专家、同行及同学们提出宝贵意见。同时，也希望本书再版后能更好地服务于物理化学实验的教学工作。

邵晨

2018 年 6 月于郑州

第一版前言

物理化学是研究物质的物理现象和化学现象的相互联系，探求化学反应和相关过程规律的科学。它是化学领域的重要分支，是建立在实验基础上的科学。物理化学实验是利用物理的原理、技术和仪器，借助数学运算工具研究物质的物理性质与化学性质、化学变化规律的基本手段，它是大学化学、化工等相关专业必修的、重要的基础化学实验课程。在培养学生的基本实验技能、严谨细致的实验作风、分析解决问题的能力及独立从事科学研究等方面具有重要的作用。

近年来随着高科技的迅猛发展，物理化学研究的实验技术也在发生着很大的变化。为了更好地满足当前物理化学实验教学的需要，根据工科院校物理化学实验教学学时少，又要达到较好地技能训练的要求，需要内容精炼，针对性、实用性强的实验教材。结合目前我国物理化学实验教学设备的现状，依据《高等工业学校物理化学课程基本要求》，以郑州轻工业学院《物理化学实验指导书》为基础，我们编写了这本适用于工科院校的物理化学实验教材。

本书共分为四个部分：第一部分为绪论，主要介绍物理化学实验的目的、要求和注意事项；物理化学实验数据的测量与处理；物理化学实验的安全知识。第二部分为实验，共编入二十个实验，内容涉及了热力学、电化学、动力学、表面现象和胶体化学。本着以培养学生基本实验技能、提高学生综合素质、进一步加深理解基本理论和基本概念的目的，尽量选入经典实验，验证物理化学的基本理论，使学生加深对相关概念的理解和认识，以加强学生的基本训练。在仪器设备方面，也尽可能采用国内先进的仪器，突出了新技术和新实验手段的应用，使学生了解与掌握先进的实验技术。各实验均加入了预习要求、注意事项和讨论，部分实验还添加了利用计算机处理实验数据的内容，以提高学生的计算机应用能力。第三部分对物理化学实验的基础知识与技术作了较详细的介绍。第四部分为附录，附有物理化学实验常用数据表，便于学生查阅和引用。

本书根据物理化学实验教学的特点和规律，力求内容精炼，重点突出，实用性强。适用于化工、环境、高分子、材料及食品、烟草、生物等专业，同时也可供同类院校及相关专业人员使用与参考。

本书由郑州轻工业学院许炎妹、邵晨主编，参加编写工作的有董文惠、张宏忠。全书由许炎妹、邵晨统稿。在此特别感谢侯守君教授在编写中提出的宝贵意见和给予的帮助。本书在编写过程中参考了一些高校的物理化学实验教材和有关文献资料，在此向相关作者致谢！

由于我们水平有限，书中可能存在疏漏和不当之处，敬请有关专家和读者批评指正。

编者

2008 年 11 月

目　　录

第1部分　绪　　论

1　物理化学实验的目的、要求和注意事项

物理化学实验是研究物质的物理化学性质、化学反应和相关过程规律的基本手段。一方面，它与无机、有机、分析、物理几门实验课的基础知识和基本研究方法相互交叉、相互渗透；另一方面，它又有独立的实验理论、实验方法和技术。因此，在培养学生严谨细致的实验作风、熟练正确的实验技能、分析和解决问题的能力及独立从事科学研究等方面具有重要的作用。

1.1　物理化学实验的目的

（1）使学生初步了解物理化学的研究方法，掌握物理化学实验的基本技术和技能，学会重要的物理化学性质的测定，熟悉物理化学实验现象的观察、翔实的记录实验数据、判断和选择合适的实验条件，正确测量、处理实验数据和分析实验结果。通过实验教学使学生验证有关基础理论，巩固并加深对物理化学基本概念的理解，加深对物理化学基本原理的认识，提高灵活运用物理化学理论知识的水平，增强解决实际问题的能力。

（2）掌握物理化学实验常用仪器的构造原理及使用方法，了解现代先进仪器、计算机在物理化学实验中的应用等。

（3）培养学生的动手能力、认真观察能力、查阅文献能力、思维和想象能力、表达和准确记录数据能力，初步学会对测定原始数据的分析、处理与评价及计算机在物理化学实验中的应用，使学生得到综合训练。

（4）培养学生认真求实的科学态度，严谨细致的实验作风，勤奋好学、刻苦钻研、勤俭节约的优良品德。

1.2　实验预习

物理化学实验具有其自身的特点，实验中涉及的多为较复杂的测量仪器。每种测量技术都建立在一套完整的物理化学原理或理论基础之上，测定带有综合的性质。一个实验往往需要测定多个物理量和涉及多台不同仪器的使用，最后还要通过作图或计算求得所需结果。物理化学实验所用仪器较为贵重，为保证实验顺利进行，达到预期实验教学目的，要求学生在每个实验前必须充分预习，认真阅读实验教材及相关的附录，熟悉实验内容，明确实验目的，写好实验预习报告。

实验预习内容主要包括以下几方面。

（1）了解实验的目的、原理和要求，了解所用仪器设备的构造原理和使用方法，了解实验操作步骤、注意事项、数据记录的格式等。

（2）实验中的问题讨论以及可能出现问题的估计与评价。

（3）解答预习思考题，找出实验中应注意的关键问题。

1.3　实验注意事项

（1）在实验开始前学生要认真检查仪器，核对所用试剂是否符合实验要求，做好实验前的各项准备工作。对不熟悉的仪器设备，应仔细阅读说明书，请教指导教师。仪器装置完毕，需经指导教师检查允许后，方可开始实验。

若实验过程中设备仪器出现故障应及时报告指导教师，经指导教师允许方可更换设备仪器。

（2）特殊仪器需向教师领取，完成实验归还。

（3）实验时应按实验教材进行操作，严格按操作规程。如有更改意见，需报告指导教师，经指导教师同意后方能进行。

（4）公用仪器及试剂瓶不要随意变更位置。用完要立即放回原处。

（5）实验过程中学生要以科学态度对待实验，认真观察实验现象，严格控制实验条件，详细记录数据等。实验中遇到问题要独立思考、认真解决。若确有困难，请求指导教师帮助。

（6）实验数据应随时写在记录本上，要做到详细、准确、真实。记录数据要整洁清楚，不得任意涂改。数据记录要尽量采用表格形式，养成良好的实验习惯。

（7）实验结束数据需经指导教师检查。如指导教师认为有必要重做者，应在指定时间补做。

（8）实验完毕，清洗玻璃仪器，整理实验台面，做好实验室卫生，核对所使用的仪器及各实验物品。若有损坏，应自觉登记。经指导教师验收允许后，方能离开实验室。

1.4　实验报告的书写

（1）实验报告是完成实验教学的一个重要环节。学生应在规定的时间内独立完成实验报告，交指导教师批阅。同一组学生实验原始数据应当相同，但数据处理和结果讨论，不能互相抄袭。

（2）实验报告内容包括：实验目的、实验原理、仪器装置与试剂、实验操作步骤、原始数据、数据处理与结果讨论等。

（3）数据处理与结果讨论是实验报告中重要的一项内容。主要包括对所观察到的实验现象进行解释，对实验原理、操作、实验方法、数据处理和误差来源进行分析与讨论，找出误差产生的原因，对实验的总体评价及实验的收获，也可以对实验提出进一步改进的意见。

1.5　实验室规则

（1）实验时学生要遵守实验室操作规则和实验规程，保证仪器设备与人身安全，以便实验顺利进行。

（2）遵守纪律，不迟到，不早退，不大声喧哗，更不许嬉闹及到处走动，保持室内安静。

（3）使用水、电、气、药品试剂等应本着节约的原则。

（4）未经实验老师允许不得乱动精密仪器，使用时要爱护。如发现仪器损坏，立即报告指导教师并查找原因。

（5）随时注意实验室内清洁卫生，纸张等废弃物不能随便丢弃，更不能丢入水槽，以免堵塞。实验完毕，将废液倒入指定的回收瓶中，玻璃仪器洗净，把实验台打扫干净，公共仪器、试剂药品整理好。

（6）实验结束后，学生轮流值日，负责打扫整理实验室，检查水、电、门、窗，以保证实验室的安全。

2　物理化学实验数据的测量与处理

在物理化学实验过程中，由于外界条件的影响、仪器的优劣以及人体感官的限制，测得的实验数据只能达到一定的准确度。因此在进行实验时，若事先了解测量所能达到的准确程度，实验结束后就能够科学地分析和处理数据的误差，对提高实验水平有一定的指导作用。对于准确度的要求在不同情况下是不相同的，所以对于测量准确度的恰当要求是极其重要的。另外，对于误差的种类、起因和性质的了解有助于实验者抓住提高准确度的关键，便于解决误差的主要矛盾。同时，运用误差的概念对实验过程进行误差分析，通过原始数据作出不确定度的计算，能够正确地表达测量结果的可靠程度。实验者还可以根据误差分析的结果挑选合适的仪器和实验条件，并进而改进实验方法。由此可见，在测量过程中正确地树立误差概念是十分重要的。

2.1　科学测量与测量误差

2.1.1　科学测量

科学研究过程中，需要通过各种方法对某些物理量进行科学测量，通过得到的数据，找出其规律。测量的过程中，由于外界的不定因素干扰，所测得的数据实际是具有随机误差性的，这些数据必须根据需要进行合适的处理和分析。一方面要估计观测数据的可靠程度，并给予合理的解释；另一方面还要将所得数据加以整理归纳，用一定的方式表示出各数值之间的相互关系，或者对带有误差的数据进行分析处理，得出真正需要的量。

物理化学实验对某一系统的物理化学性质与其化学反应间的关系进行研究，就是以测量系统的某些物理量为基本内容，然后对所测出的数据加以处理，从而得到某些重要的规律。

物理量的测量可分为直接测量和间接测量两种。

（1）直接测量　测量结果直接用测量所得的数据表示的，称为直接测量。若被测量的量直接由测量仪器的读数来决定，则仪器的刻度就是被测量的尺度，这种方法称为直接读数法。例如用温度计测量物体的温度，压力表测量气压，秒表计时等；如果被测的量由直接与该量的度量相比较而决定，这种方法称为比较法。例如用天平称量物质的量，对消法测量电动势等。这两种读数法均属于直接测量。

（2）间接测量　测量结果若要由若干直接测量的数据，应用某种公式通过计算才能得到的，称为间接测量。例如某物质的燃烧热，某化学反应的平衡常数，黏度法测定高聚物的摩尔质量等均属于间接测量。

2.1.2　测量误差

任何类型的测量，测量值与真实值之间都会存在有一定的差值。在处理实验结果之前，首先应考虑所用测试的方法及其所得结果是否可靠、准确。这就需要有一个估价的准则。由于所使用的仪器、方法和人的感官及环境条件的限制，实验测得的数据只能达到一定程度的准确性。了解一定条件下所能达到的准确限度，对实验的分析、处理和评价才有可靠的客观基础。

应该明确，一个严格、精确的测量也只能在一定的数量级范围内达到或接近真值，完全等于真值是无法达到的。除此之外还应明确，任何一种测量，无论所用测量仪器多么精密，实验者多么细心，所得结果一般不可能完全一致，总有一定的误差或偏差。误差是指测量值与真值之间的差值，偏差是指测量值与平均值之间的差值。

根据误差的性质和来源，可以将误差分为系统误差、偶然（随机）误差和过失误差。

2.1.2.1 系统误差

系统误差是测量过程中由某种未发觉或未确认的影响因素在起作用而产生的误差。

测量过程中的系统误差绝不能被忽视，因为有时它比偶然误差要大出一个数量级。因此在任何实验中，实验者都必须深入分析产生系统误差的各种因素，并尽可能加以排除，使其减小到最小的程度。

系统误差的主要来源如下。

（1）仪器误差　仪器本身的精密度有限，构造不完善。这是由仪器不良，或校正与调节不当所引起的误差。如仪器零位未调好，引入零位误差；天平的两臂不等、砝码不准；气压计的真空不十分严密等。这种误差可以通过一定的检核方法发现，并可以进行校正。

（2）试剂误差　化学试剂纯度不够引起的误差。如试剂中存在的杂质，常会给测量结果带来极其严重的影响，使测量结果不准确。因此，试剂的纯制在科学测量中是十分重要的工作。

（3）环境误差　仪器使用环境方面，如温度、湿度、气压等因素的影响。由于仪器使用环境不适当，或外界条件（温度、大气、湿度及电磁场等）发生恒向变化，都会引起这种误差。

（4）方法误差　测量方法本身的影响。如采用了近似的测量方法和近似公式。测量方法所依据的理论不完善会产生这种误差，它可以通过不同测量方法的对比实验来进行检核。

（5）人身误差　测量者个人操作习惯引起的误差。如有人记录一信号的时间总是滞后；滴定时终点总是偏高偏低等。它产生于测量者的感觉器官的不完善，或个人的不恰当视读习惯及偏向。

系统误差可分为不变系统误差和可变系统误差。在整个测量过程中，符号和大小固定不变的误差称为不变系统误差，如天平砝码未经校正。在整个测量过程中，系统误差随测量值或时间的变化误差值和符号也按一定的规律变化，则称为可变系统误差。如在精密测量时，温度对测量仪刻度的影响是线性的。前者是变化有规律，并可以发现和克服的；而后者则相反，它变化没有规律，是无法克服的随机误差。

系统误差是恒差，增加测量次数是不能消除的，通常可以采用几种不同的实验技术或方法，或者改变实验条件，调节仪器，提高试剂纯度等方法，消除或减小系统误差，提高准确度。

2.1.2.2 偶然误差

偶然（随机）误差来源于实验时某些无法发觉、无法确认和无法控制的变量因素对测量的影响，它在实验过程中总是存在的。即使采用最完善的仪器，选择最恰当的方法，经过十分精细的观察，所测得的数据也不可能每次重复，在数据的末一位或末二位数字上仍会有偏差，即误差仍会存在。所以说偶然误差的存在是不可避免的。偶然误差有时大，有时小，有时正，有时负，方向不一定。其产生的原因是相互制约、相互作用的一些偶然因素。但偶然误差完全服从统计规律，在同一条件下对同一物理量多次测量，误差出现的情况由概率决定。偶然误差的正态分布曲线如图 2-1 所示。它的解析式可写为：

$$y_i = \frac{1}{\sigma\sqrt{2\pi}}e^{\frac{\sigma_i^2}{2\sigma^2}}$$

式中，y_i 是 n 次测量中偶然误差 δ_i 出现的概率，而

$$\sigma = \sqrt{\frac{1}{n}\sum_{i=1}^{n}\delta_i^2}$$

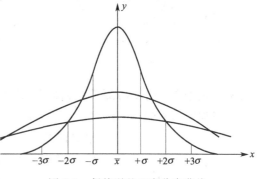

σ 称为均方根误差，σ 愈小误差分布曲线愈尖锐，即较小的偶然误差出现的概率大，这就表明测量的精密度愈高；σ 愈大，则情况相反。因此，均方根误差完全表征着测量精密度，故一般采用它作为评价测量精密度的标准。由于这个原因，又称它为标准误差。

图 2-1　偶然误差正态分布曲线

对于偶然误差，其算术平均值 $\bar{\sigma}$ 随测量次数 n 的无限增加而趋于零，即

$$\lim_{n\to\infty}\bar{\sigma} = \lim_{n\to\infty}\frac{1}{n}\sum_{i=1}^{n}\delta_i = 0$$

因此，为了减小偶然误差的影响，在实际测量中常常对被测量的物理量进行多次测量。

2.1.2.3　过失误差

过失误差是由于实验者的粗心大意造成的。如记录有误、标度看错等，这类误差无规律，是一种不应该有的人为错误，是可以避免的。

2.1.3　系统误差与偶然误差之间的辩证关系

系统误差与偶然误差之间虽有着本质的不同，但在一定的条件下它们是可以相互转化的。实际上，人们常常会把某些具有复杂规律的系统误差作为偶然误差，采取统计的方法来处理。不少系统误差的出现均带有随机性。如用天平称量时每个砝码都存在着大小不等、符号不同的系统误差。其系统误差的综合效果对每次称量是不相同的，具有很大的偶然性。这种系统误差也可作为偶然误差来处理。

对按准确度划分等级的仪器，同级别的仪器中每个仪器具有的系统误差彼此也都不一样，如一批容量瓶中每个容量瓶的系统误差不一定相同，或大或小，或正或负，是随机的，这种误差属于偶然误差。而当使用其中一个容量瓶时，这种随机的偶然误差又转化为系统误差。

2.1.4　测量的准确度与精密度

准确度是指测量结果与真值符合的程度。系统误差和偶然误差都小，测量值的准确度就高。精密度是指测量结果的可复性程度。偶然误差小，数据可复性就好，测量的精密度就高。对准确度和精密度的理解，也可用打靶的例子来说明。如图 2-2 中（a）、（b）和（c）表示三个射手的成绩，斜纹圈处表示靶眼，是射击的目标。由图 2-2 可见，图（a）表示准确度和精密度都很好；图（b）因能够密集射中一个区域，就精密度而言是很好的，但准确度不够高；至于图（c）则准确度和精密度都很不好。在实际的测量中，尽管其精密度很高，但它的准确度不一定很好。因此，高精密度不能保证有高准确度，但高准确度就必须有高精密度

来保障。在没有系统误差时，准确度和精密度才是一致的。

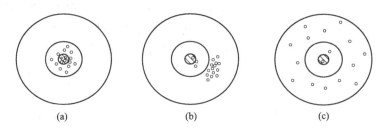

图 2-2 准确度和精密度的关系

2.1.5 测量的准确度与测量精密度的表示

测量误差与测量偏差均可以用绝对误差（偏差）或相对误差（偏差）表示，即

$$绝对误差 \delta_i = 测量值 x_i - 真值 x_真$$

$$绝对偏差 d_i = 测量值 x_i - 平均值 \bar{x}$$

$$相对误差 = \frac{绝对误差 \delta_i}{真值 x_真} \times 100\%$$

$$相对偏差 = \frac{绝对值 d_i}{平均值 \bar{x}} \times 100\%$$

实际运算中总是 d_i 代替 δ_i，因此在用绝对误差（偏差）表示时，一般多用以下各式，即：

平均误差（偏差）
$$\varepsilon = \frac{\sum\limits_{i=1}^{n} |d_i|}{n}$$

标准误差（偏差）
$$\sigma = \sqrt{\frac{\sum\limits_{i=1}^{n} d_i^2}{n}} \quad （观测次数 n 无限时）$$

$$\sigma = \sqrt{\frac{\sum\limits_{i=1}^{n} d_i^2}{n-1}} \quad （观测次数 n 有限时）$$

或然误差（偏差）
$$\rho = 0.6745\sigma$$

平均误差的优点是计算简便，但不能肯定 x_i 离 $\bar{x}$ 是偏高还是偏低，可能会把一些并不好的测量数据掩盖。而标准误差对一组测量中的较大误差或较小误差感觉比较灵敏，因此，在科学实验中，多采用标准误差表示精密度，其测量结果的精度常用（$\bar{x} \pm \sigma$）或（$\bar{x} \pm \varepsilon$）表示，σ、ε 越小，测量精密度越好。

在实际应用中，通常测量准确度的表示是取测量误差的表示法；测量精密度的表示是取测量偏差的表示法。

2.1.6 最小读数精密度（或最小分度）和相对精密度

例如，一个温度的测量值为（20.24 ± 0.01）℃，此 0.01℃ 也是精密度的一个量度，可以把这个值叫做最小读数精密度。它是用与测量值相同的单位表示的。也可用相对精密度来表示测量的精密度，它定义为测量值的相对不确定性，由最小读数精密度除以测量值而得

到，其结果可以表示为百分之几或千分之几。例如，有两个测量值（20.16±0.01）g 和

（120.16±0.01）g 的最小读数精密度都是 0.01g，但它们相对精密度则分别为 $\dfrac{0.01\text{g}}{20.16\text{g}} \times$

$100\%＝0.05\%$ 和 $\dfrac{0.01\text{g}}{120.16\text{g}} \times 100\%＝0.008\%$。由此可见，最小读数精密度依赖于测量仪器；

而相对精密度既依赖于测量仪器，也依赖于测定值的大小。最小读数精密度有单位，而相对精密度则是无量纲的。

2.1.7 测量结果的正确记录和有效数字

在前面谈到的绝对误差和相对误差中，实验所测定的物理量真值 x 的结果应表示为 $\bar{x} \pm a$，即 $\bar{x}$ 有一个不确定范围 a。因此在具体记录和运算数据时，没有必要将 $\bar{x}$ 的位数记得超过 a 所限定的范围。例如称量某物质，所得结果为 1.2345±0.0004，其中 1.234 都是完全确定的，末位数字 5 则不确定，它只告诉出一个范围是 1～9。通常称所有完全确定的数字和最末位有疑问的数字在一起为有效数字。记录和运算时，仅需记有效数字，多余的数字都不必记。若某数据的原始范围不能确定，则该数据最后一位数字的不确定范围习惯上取为 ±1。然而在物理化学实验中，除了可靠并有等级的仪器能按其所规定的应有误差范围填写外，一般仪器的精密度或重现性大都难于优良到不确定范围为 ±1 的情况，故这个数字可取用到 ±3，甚至 ±5。

根据上述讨论及某些定义和要求，对所测定结果数据的正确记录要有一个科学的定约，在记录数据时应遵守记数法则。

2.1.7.1 有效数字的表示方法

误差（平均误差和标准误差）一般只取一位有效数字。

任何一物理量的数据，其有效数字的最后一位，在位数上应与误差的最后一位划齐。例如记成 1.15±0.01 是正确的，若记成 1.151±0.01 或 1.1±0.01，意义就不清楚了。

为了方便表示和乘除等运算，明确地表明有效数字，一般常用指数表示法。如下列数据 1234、0.1234 和 0.0001234 都有四位有效数字；但遇到 1234000 时，就很难讲后面三个"0"是否为有效数字。为了避免这种困难，上列数据通常以如下指数形式表示，即取 1.234×10^3、1.234×10^{-1}、1.234×10^{-4}、1.234×10^6。这就清楚地表明了它们都是四位有效数字。

2.1.7.2 有效数字的运算规则

在数据运算中，当有效数字的位数确定之后，其余数字一律按四舍五入法舍去。

在加减运算时，各数值小数点后所取的位数与其中最少者相同。例如：

$$
\begin{array}{rll}
0.12 & & 0.12 \\
12.232 & \text{改写为} & 12.23 \\
1.5683 & +\underline{} & \underline{1.57} \\
& & 13.92
\end{array}
$$

在乘除运算中，各数值所取之位数由有效数字位数最少的数值的相对误差决定，运算结果的有效数字位数亦取决于最终结果的相对误差。

$$\text{例如：} \quad \frac{2.0168 \times 0.0191}{96}$$

在此例中并未指明各数值的误差，按一般经验，各数据末位误差约 ±3。数字 96 的有效

数字最少，误差±3 对此数值的相对误差为 3.1%（即 $\frac{3}{96}\times100\%$）。数值 2.0168 的 3.1% 相对误差为 0.063，已影响 2.0168 的末三位有效数字，故将 2.0168 改写为 2.02，数值 0.0191 的 3.1% 约为 0.00059，故仍写为 0.0191，因而上式改写为

$$\frac{2.02\times0.0191}{96}=0.0004019$$

它的相对误差是

$$\frac{0.0003}{2.0168}+\frac{0.0003}{0.0191}+\frac{3}{96}=4.7\%$$

数值 0.0004019 的 4.7% 为 0.000019，故结果的有效数字应只有两位。即：

$$\frac{2.02\times0.0191}{96}=4.0\times10^{-4}$$

2.1.8　间接测量中的误差传递

在科学实验研究中，所需要的结果常常不是用仪器直接测量获得的，而是要把一些直接测量值代入一定的理论关系式中，通过计算才能求得所需要的结果，即称之为间接测量值。由于直接测量值总有一定的误差，因此它们必然引起间接测量值也有一定的误差，即直接测量误差不可避免地会传递到间接测量值中去，而产生间接测量误差。

误差传递分析的基本任务在于查明直接测量误差对间接测量误差的影响，从而找出引起间接测量误差的最大误差来源。以便选择最合适的实验方法和更合理地使测量仪器相匹配。误差传递公式在此不作详细介绍，可参看相关资料。

2.2　物理化学实验原始数据的测量

2.2.1　原始数据

物理化学实验非常重视原始数据的测量和记录。物理化学实验的原始数据通常是指实验过程中直接测量出的数据，如体系进行某过程时的温度、体积、压力、质量、浓度、长度、时间、电压、电阻等类似的实测数据。

2.2.2　原始数据测量的要求

任何物理化学实验数据，如果在进行实验中不存在系统误差，数据处理方法又正确，那么它的精密度和准确度就主要取决于原始数据的测量精密度和准确度。因此，任何实验研究都必须对原始数据的测量提出相应的要求。

在进行物理化学实验与研究时，如果所使用的测量仪器有足够高的灵敏度和准确度，那么对于原始数据测量的要求就是应有一定的重现性。原始数据测量的重现性本身就体现了测量精密性和准确性。但是实验者往往容易只注重于单个测量仪器的灵敏度、最小分度和级别等，对于原始数据也只注重于单个原始数据读准到多少位有效数字等，这都不能算是从整体上对测量的准确度及精密度所提出的要求。原始数据测量的重现性好坏实验者只能通过多次测量来检核。所以在一般情况下，进行物理化学实验与研究时都应该作平行的或重复的实验。如能进行三次以上平行的或重复的测量，除可以避免或减少偶然误差外，还可以知道或求得测量精密度。

对于原始数据测量的要求就是应有一定的重现性。具体要求则根据测量内容、测量仪器、测量方法、测量环境等因素而有不同。一般来说，原始数据的测量精密度和准确度要求同测量仪器具有的灵敏度、最小分度和级别应该相适应。原始数据的实际测量精密度和准确度低于测量仪器所达到的限度，这是常有的现象。对教学实验来说，这是可以允许和比较正

常的。反之，要求测量精密度和准确度超过测量仪器所能达到的最高限度是没有意义的。

如果原始数据的值与时间有密切关系，即直接测量值随时间而变化，那么所得的原始数据无所谓重现性，只能是单个的。但是在这种情况下，测量仪器的灵敏度、最小分度和级别等所赋予原始数据的测量精密度和准确度，实际上也会由于误差传递，在最终所求数据的重现性上而一并体现出来。

2.2.3　影响原始数据测量精密度的因素

影响原始数据测量精密度的因素是多方面的。主要考虑测量环境、测量方法和测量对象的特点——稳定性和均匀性等对测量精密度的影响，应该排除测量操作者的主观因素方面。一般来说，测量环境如能具有恒温、恒湿等条件时，可使测量仪器及测量对象的稳定性获得一定的保障，而较高级的测量仪器则对测量环境经常地要求更苛刻，才能保证仪器的稳定性和应有的准确度。

测量对象的稳定性除受测量环境的影响外，还取决于测量对象内部的情况，如是否达到平衡，有无波动和滞后等。而测量对象内部的情况又常与测量方法有关。如测量液体的饱和蒸气压时，进行测量的具体方法就会影响一定压强下液体的沸腾温度的测量精密度。

测量对象的均匀性对原始数据的测量精密度的影响也是很大的，特别是多相反应体系，无论是进行平衡实验，或是进行动力学实验，平行地或重复地由给定的某种原材料制备几个测量对象进行测量，由于原材料的组成、结构和形状等方面的不均匀性和制备上的不均匀性，则一定会使原始数据出现差异，影响原始数据的测量精密度。因此，对这种体系进行实验研究时，原材料的选用、测量对象制备时的操作都是很重要的。在实验教学中，一般地只是对给定的某一测量对象进行多次性测量；而对科学研究来说，则应平行地或重复地制备一定数目的某种测量对象，并进行多次性测量，这样才能真正知道和确定原始数据的测量精密度。

2.2.4　自动化仪器测量与人工测量

近年来随着物理化学学科各领域的迅猛发展，物理化学实验技术也发生了很大变化。在物理化学实验与研究中应用各种自动化测量仪器愈来愈多。选用自动化测量仪器应遵循以下原则，首先应考虑以满足原始数据测量的要求为前提，从整体的实验研究最优的角度来选择是用自动化仪器测量或是用人工测量，均衡两者的优缺点。

在物理化学实验中如果应用自动化测量仪器进行测量，测量仪器有较高的灵敏度和最小分度，又有一定的稳定性和准确度（级别），并且具有省时省力快速的好处，根据测量所得的原始数据也可以知道和确定其测量精密度。但此时仪器方面会对原始数据的测量精度影响较大，甚至难以人为控制；此外，数字化自动测量仪器，虽说能够显示出多位有效数字，但由于其内部用作标准的器件（如标准电池）常不能有很高的级别，也使得它的准确度不会很高。而大多数有放大装置的非数字化自动测量仪器，其灵敏度虽然高，但其准确度却不一定就高。

如果自动化测量仪器的稳定性和准确度都不是很好，则不应盲目地追求自动化测量。还不如选用灵敏度、最小分度、准确度和稳定性都好的非自动化测量仪器，进行人工测量以得到原始数据。人工测量虽然费力费时，但实验装置容易建立，受仪器方面的影响较小，并且比较方便确定和人为地控制原始数据的测量精密度。

2.3　实验数据处理

2.3.1　数据处理的意义

物理化学实验研究工作应包括下列内容：

① 根据实验题目设计实验测量方案；

② 建立和校正实验测量装置；

③ 进行实验观察和测量原始数据；

④ 进行数据处理；

⑤ 进行数值结果的理论分析和做出有益的科学结论。

将上述全部工作内容撰写成实验报告就成了科学研究论文。由此可见，实验数据处理也是物理化学实验研究工作中的一个重要环节。

所谓数学处理是指按照有效数字运算法则进行数据之间的运算，或利用已知的函数关系式求出某些物理化学常数或数据，以及利用数学解析法和图解法确定物理化学性质之间的具体函数表达式。

具体的讲，数据处理就是将实验中直接测量得到的原始数据，根据一定的理论公式或经验关系式，通过数学处理而求出最终的结果。数据处理所应用的理论公式或经验关系式，可以是前人提出的，也可以是根据实验研究中直接测量得到的原始数据，进行初步的数据处理和数值结果的理论分析后而新提出来的。

2.3.2 数据处理的基本原则

① 数据处理要保障数学处理过程中不降低原始数据的测量精密度，否则所得到的最后结果的精密度就与数据处理有关了，而且降低了结果的精密度。

② 数据处理要保障原始数据与它的具体数学解析式——理论公式或经验公式最佳拟合，即所得到的图形或数学方程式的确是原始数据之间规律的反映。

③ 数据处理应按照有效数字运算法则进行，以保障不降低原始数据的测量精密度，避免凑整误差。

2.3.3 数据的表达

为了使实验得到所期望的结果，以阐明客观规律，在实验中得到相应的数据后，正确地记录下测量的数据，进行整理、综合、归纳和处理，进而正确地表达出实验结果所获得的规律，是对实验工作者的基本要求。物理化学实验数据的处理一般采用下列几种方法，即列表法、作图法和方程式法。

2.3.3.1 列表法

列表法是数据表达最简单的一种方式，也是最为普遍和首先采用的形式。根据实验后获得的大量数据，进行处理的第一步往往就是把所获得的结果尽可能整齐地有规律地列表表达出来，而且由于在列表时所得数据已经过科学整理，使得全部数据能一目了然，有利于阐明实验结果的规律性，便于分析和运算处理，从而可对实验结果获得相互比较的概念。其他两种方法常用作过渡。

利用列表法表达实验数据时，最常见的是列出自变量 x 和因变量 y 间的相应数值。但列表要清楚和简练，注意表中的项目和表头的安排与设计。每一表格都应有简明完备的名称。表中的每一行（或列）上都应详细写上该行（或列）所表示的名称、数量单位和因次。在排列时，数字最好依次递增或递减，在每一行（或列）中，数字的排列要整齐，位数和小数点要对齐，有效数字的位数要合理。表中数据如来自文献手册，则应注明出处。

2.3.3.2 作图法

在物理化学实验中，把实验和计算所得数据作图，利用图形表达实验结果，更易比较数值，发现实验结果的特点，有许多优势。首先它可以将实验直接测量得到的原始数据之间的相互函数关系表现得更为直观，便于显示出函数的极大值、极小值、转折点、周期性或线性关系等变化规律。作图法也可以求内插值和作适当地外推，也可以用于图解微分和图解积分，用处极为广泛。作图法更常用的是从直线图形求出斜率和截距，以确定理论公式或经验关系式中的常数，从而求出函数关系的具体数学方程式。

（1）作图和图解

① 作图是将原始数据，通过正确的作图方法画出合适的图线，形象而且准确地表示原始数据之间的关系。

② 图解是根据所画出的图线，通过进一步处理和计算，如进行内插、外推、求直线的斜率和截距、图解微分、图解积分以及曲线的直线化等，以求得所期望的结果（数据或数学方程式）。

作图是图解的前提，而图解是作图的结果，二者相依而存。

（2）应用图解法处理数据时的注意事宜

① 作曲线时点的通过和拟合　作图法处理数据作曲线（或直线）时，先在图上将各原始数据实验点用铅笔标出，借助于曲线尺或直尺把各点相连成线（不必通过每一点）。曲线（或直线）应代表原始数据的变动情况，故不一定全通过各原始数据点。但要求各原始数据点应均匀地分布在曲线（或直线）的两边。或使所有的试验点离开曲线距离的平方和为最小，此即"最小二乘法原理"。通常曲线不应当有不能解释的间隙、自身交叉或其他不正常特征。这样做才能保障原始数据与它的函数关系曲线（或直线）最佳拟合。对于离开曲线（或直线）太远的原始数据点也不要随便舍弃。遇到这种情况，最好重复进行测量，判明情况后适当处理。

② 作图时保持测量精密度　为了保持原始数据的测量精密度，作图法处理数据时，选择各坐标的比例和分度是极为重要的。原则上作图精密度应与原始数据的测量精密度相配合，不要过分夸大或缩小各坐标的作图精密度。图线面最好能成正方形，函数关系曲线（或直线）刚好展现于整个图面。作图法处理数据时，在作图的各坐标上能准确地读出三位有效数字，则可以满足作图要求。故用作绘图的毫米分格的计算纸不应小于 $10cm^2$。除了特殊研究或分析测量精密度较高的原始数据的问题外，绘图的坐标纸没有必要使用过大。

（3）曲线化直

使用作图法求数学方程的参数时，如果数学方程式为非线性方程，则首先要进行函数变换，将非线性函数变换成线性函数。如非线性函数 $y = ae^{bx}$，若取 $Y = \lg y$，则原来的非线性函数就变为 Y 与 x 的线性函数，即 $Y = \lg a + bx\lg e = \lg a + (b\lg e)x$。这样就方便用图解法根据 x 和 y 的原始数据确定出 a 和 b 的数值，从而求得 y 与 x 的非线性函数的具体表达式。

（4）在曲线上作切线常用的两种方法

① 镜像法　如要作曲线上某一指定点的切线，可取一块平面镜，垂直放在图纸上，使镜的边缘与线相交于该指定点。以此点为轴旋转平面镜，直至图上曲线与镜中曲线的映像连成光滑的曲线时，沿镜面作直线即为该点的法线，再作该法线的垂直线，即为该点的切线。如果将一块薄的平面镜和一直尺垂直组合，使用时更方便，如图 2-3 所示。

② 平行线法　在选择的曲线上作两平行线 AB 及 CD，作两线段中点的连线交曲线于 O 点，作点 AB 及 CD 平行线 EOF 即为 O 点的切线，如图 2-4 所示。

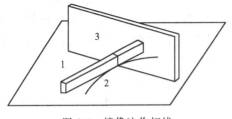

图 2-3 镜像法作切线

1—直尺；2—曲线；3—镜子

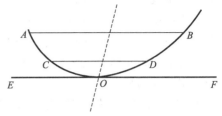

图 2-4 平行线法作切线

2.3.3.3 方程式法

数学方程式法能将实验测量得到的原始数据之间的函数关系直接用数学方程式表达出来，是比较高级的数据处理方法，只是求数学方程式比较麻烦。一组实验数据一旦用数学方程式表示出来，不但表达方式简单，记录也很方便，而且便于求微分、积分或进行内插、外推以及其他数学分析。

最小二乘法是数学方法处理数据中最常用的方法。这种方法处理较繁，但结果可靠，能使原始数据与它的数学方程式作最佳拟合，它需要七个以上的数据，数值计算的精密度较高。

（1）最小二乘法原理　关于最小二乘法的原理，下面以直线方程为例简单介绍。

应用最小二乘法根据直接测量得到的原始数据求方程的常数时，需要以下两点假定。

① 相应于自变量的各个给定值（原始数据）的误差均很小，而相应于因变量的各个给定值（原始数据）则带有较大的测量误差。

② 能保障原始数据与它的数学方程式最佳拟合的曲线（或直线），可使原数据点同曲线（或直线）的偏差的平方和为最小。由于各偏差的平方和为正数，因此若平方和为最小，意即这些偏差均很小，显然也就是最佳拟合。

设 n 对（x_1、y_1，x_2、y_2，x_3、y_3，…，x_n、y_n）相应于 x（自变量）、y（因变量）的原始数据，它们适合直线方程

$$y = ax + b$$

根据假定①，各对原始数据点同直线的偏差（d_1，d_2，d_3，…，d_n），可用因变量的原始数据 y_i 与由相应的自变量的原始数据求得的函数值（$ax_i + b$）的差值来表示，即

$$d_1 = y_1 - (ax_1 + b)$$
$$d_2 = y_2 - (ax_2 + b)$$
$$\vdots$$
$$d_n = y_n - (ax_n + b)$$

令

$$\sum_{i=1}^{n} d_i^2 = Q$$

式中，y_i、x_i 均为已知值，只有 a 和 b 为未知，即为待定的常数。由假定②可知，偏差的平方和为最小时，根据数学上极值的条件，即有

$$\frac{\partial Q}{\partial a} = 0, \quad \frac{\partial Q}{\partial b} = 0$$

据此可得

$$\frac{\partial Q}{\partial a}=-2x_1(y_1-ax_1-b)-2x_2(y_2-ax_2-b)-\cdots-2x_n(y_n-ax_n-b)=0$$

$$\frac{\partial Q}{\partial b}=-2(y_1-ax_1-b)-2(y_2-ax_2-b)-\cdots-2(y_n-ax_n-b)=0$$

即有
$$\sum x_i y_i-a\sum x_i^2-b\sum x_i=0$$
$$\sum y_i-a\sum x_i-nb=0$$

解联立方程式可得

$$a=\frac{n\sum x_i y_i-\sum x_i\sum y_i}{D}$$

$$b=\frac{n\sum x_{ii}^2\sum y_i-\sum x_i y_i\sum x_i}{D}$$

式中　　$D=n\sum x_i^2-(\sum x_i)^2$

a 和 b 的标准误差为

$$\sigma_a=\sqrt{\frac{n\sum d_i^2}{(n-2)D}}$$

$$\sigma_b=\sqrt{\frac{\sum x_i^2-\sum d_i^2}{(n-2)D}}$$

上面各式是根据原始数据用最小二乘法求直线方程中的常数 a 和 b 的一般公式。此外还可得出 x 与 y 的一元线性相关系数为

$$r_{xy}=\frac{L_{xy}}{\sqrt{L_{xx}L_{yy}}}$$

式中　　$L_{xy}=\sum(x_i-\bar x)(y_i-\bar y)=\sum x_i y_i-\bar y\sum x_i$

$L_{xx}=\sum(x_i-\bar x)^2=\sum x_i^2-\bar x\sum x_i$

$L_{yy}=\sum(y_i-\bar y)^2=\sum y_i^2-\bar y\sum y_i$

（2）最小二乘法的应用

应用最小二乘法时，首先必须选定能圆满表示原始数据之间关系的数学方程式，即理论公式或经验公式，然后再按最小二乘法的原理处理原始数据，得出可表示原始数据之间关系的具体数学方程式。

前边说过，理论公式或经验关系式既可以是前人提出的，也可以是为实验直接测量得到的原始数据寻找规律性，进行理论解释而提出来的数学方程式。数学方程式选择是否恰当将影响数据处理。如液体的饱和蒸汽与温度之间的关系，在一定的温度范围内，$\ln p$ 与 $\frac{1}{T}$ 呈线性关系。因此，选择 $\ln p=\frac{A}{T}+B$ 的数学方程式形式来处理液体的饱和蒸气压测量实验所得到的原始数据，则一定会得到较圆满的结果。这样就不仅从数学处理方法上，而且从事物间的内在规律性的本质上也保障了原始数据与它的数学方程式能最佳拟合。所以，数学方程式的选择是非常重要的一步。

选择处理数据要用到的数学方程式时，应对所研究的问题进行理性认识，即对原始数据之间的关系找出已有的理论依据。在化学平衡、电化学、表面化学和化学动力学各方面都有不少的可用于处理原始数据的理论公式。

如化学平衡实验研究方面的问题，处理实验测量得到的平衡常数与温度关系的原始数

据，就可以用 Σ 函数法。由 Σ 函数法可得

$$\Sigma = -R\ln p + f(T)$$

$$\Sigma = \frac{\Delta H_0}{T} - I$$

当 $\Delta C_p = \Delta a + \Delta b T + \Delta c T^{-2} + \Delta d T^2 \neq 0$ 时，则有

$$f(T) = \Delta a \ln T + \frac{1}{2}\Delta b T + \frac{1}{2}\Delta c T^{-2} + \frac{1}{6}\Delta d T^2$$

$$\Delta H_T^{\ominus} = \Delta H_0 + \Delta a T + \frac{1}{2}\Delta b T^2 - \Delta c T^{-2} + \frac{1}{3}\Delta d T^3$$

$$\Delta S_T^{\ominus} = I + \Delta a + \Delta a \ln T + \Delta b T - \frac{1}{2}\Delta c T^{-2} + \frac{1}{2}\Delta d T^2$$

$$\Delta G_T^{\ominus} = \Delta H_0 - IT - \Delta a T \ln T - \frac{1}{2}\Delta b T^2 - \frac{1}{2}\Delta c T^{-1} - \frac{1}{6}\Delta d T^3$$

显然，Σ 与 $1/T$ 呈线性关系。因此，由实验测量得到的平衡常数与温度的原始数据可以算出 Σ 值。然后用最小二乘法求出 Σ 对 $1/T$ 的直线关系式的具体表达式，从而可得到 ΔH_0 和 I，则可进一步求得化学反应的热力学函数 $\Delta H_T^{\ominus}$ 和 $\Delta G_T^{\ominus}$ 等。

2.4 计算机在物理化学实验中的应用

近年来随着信息技术和其他高科技手段的引入，物理化学研究的实验技术也在发生着很大变化。由此促使物理化学实验课程的教学也必须进行顺应时代的变革，如应用计算机来处理物理化学实验数据，不但比手工绘图、计算省时、省力，也克服了手工绘图偶然性、误差较大的缺点。

在处理物理化学实验数据时，一般数据处理的过程为：对实验数据作图或对数据进行计算后作图→作数据点的拟合线→求拟合直线的斜率或曲线上某点的切线→根据斜率求物理量。这一过程利用计算机处理也可以完成。

在这里主要介绍物理化学实验中处理数据常用的两种方法：Origin 和 Microsoft Excel 软件。Origin 和 Microsoft Excel 是两种在教学、科研、工程技术等领域广泛使用的功能强大的数据分析和绘图软件。其中采用 Origin 软件对实验数据进行线性拟合的计算机具体操作详见本书第二部分实验二相关内容。另外，本书实验十二～实验十五、实验二十的测量数据也可由 Origin 软件进行线性拟合。采用 Microsoft Excel 软件对实验曲线进行非线性拟合，求算切线斜率的计算机具体操作详见本书第二部分实验十六的相关内容。

3 物理化学实验的安全知识

实验室的安全对人身安全至关重要。它关系到培养学生良好的实验素质，提高学生的实验技能，保证师生人身安全及国家财产安全，以使实验顺利进行。实验室里除了各种化学试剂、常用的仪器设备外，还有较多精密和自动化程度高的仪器，此外，还经常遇到高温或低温的实验条件，使用高压气瓶、真空系统等。这就需要每一位师生具备必要的安全防护知识，熟悉采取的预防措施，杜绝事故的发生及一旦发生事故的急救处理。由于在前面的其他实验课中学生已对实验室的安全知识有了一定的了解。这里主要结合物理化学实验的特点着重介绍安全用电知识、使用化学试剂的安全防护。

3.1 安全用电知识

实验室所用的电流一般为频率 50Hz 的交流电。人体通过 50Hz 的交流电 1mA 就会有针刺和发麻的感觉。通过的电流强度达 25mA 以上时就会发生呼吸困难,而通过 100mA 以上则会致死。直流电在通过同样电流的情况下,对人体也有相似的危害。因此,安全用电非常重要,在实验室用电过程中必须严格遵守以下的操作规程。

3.1.1 防止触电

① 不能用潮湿的手操作电器、接触电源。

② 一切电源的裸露部分都应有绝缘装置。

③ 已损坏的接头、插座、插头或绝缘不良的电线应及时更换。修理或安装电器设备时,必须先切断电源且不能带电操作。

④ 实验时必须先接好线路再插上电源,实验结束时,必须先切断电源再拆线路。

⑤ 如遇人触电,应首先切断电源,将触电者迅速抬到空气流通的地方后,立即急救处理,情况严重者马上送医院急救。

3.1.2 防止着火

① 保险丝型号与实验室允许的电流量必须相配。物理化学实验室总电源开关允许最大电流一般为 30~50A,超过时就会跳闸断电。一般实验台上的分电闸为 15A。实验中若使用功率较大的设备仪器,应先计算电流量。

② 负荷大的电器应接较粗的电线。

③ 生锈的仪器或接触不良处,应及时处理,以防产生电火花。

④ 如遇电线走火,用沙、二氧化碳或干粉灭火器灭火。切勿用水或导电的酸碱泡沫灭火器灭火。事态严重时拨打 119 火警电话。

3.1.3 防止短路

为了防止短路,避免导线间摩擦,要尽可能不使电线、电器受潮或水淋,电路中每个接点要牢固,电路元件两端接头不能直接接触,以免烧坏仪器或产生触电、着火等事故。

3.1.4 使用电器设备时的安全防护

① 实验开始前要认真阅读所使用仪器设备的说明书。注意仪器设备所要求的电源是直流电还是交流电,是单相电还是三相电,电压的大小、功率是否合适以及正负接头等。

② 注意仪表的量程。待测物理量的大小必须与仪器的量程相适应,如果不清楚所测物理量的大小范围,必须要从仪器的最大量程开始。

③ 线路在安装完毕并检查无误后,方可试探性通电。

④ 不进行测量时应断开线路或切断电源。

实验开始以前,应先由教师检查线路,经同意后,方可插上电源。

3.2 使用化学试剂的安全防护

3.2.1 防毒

多数化学试剂都具有不同程度的毒性,通过人的呼吸道、皮肤等进入人体内。因此,防毒的关键是要杜绝或尽量减少有毒物质进入人体内的途径。

① 物理化学实验常用苯、四氯化碳、环己烷、乙醚等有机化学试剂,其蒸气会引起人

中毒。这些有机化合物可通过人的皮肤、呼吸道与消化系统逐渐侵入血液系统以致全身各部，会引起各种疾病。如苯、环己烷等对肝和肾脏有害，能使红细胞和血小板下降，还可损害大脑神经系统。有些化学试剂还有致癌作用，必须谨慎使用。使用有关试剂时要尽可能在通风橱里进行。

② 有些化学试剂如苯、环己烷、汞等能穿过皮肤进入人体内，使用时应避免与皮肤直接接触，戴上防护手套再进行操作。

③ 实验室应经常通风，不得在实验室饮食、喝水、抽烟，离开实验室时要洗手。

④ 使用有毒气体、浓盐酸等应在通风橱中操作，防止通过呼吸道或皮肤黏膜侵入人体而中毒。

3.2.2 防火

① 实验室里不允许存放大量易燃物。

② 操作或处理易挥发、易燃烧的溶剂时，应远离火源。用后要及时回收，切不要倒入下水道，以免积聚引起火灾。

③ 实验时万一着火，头脑一定要保持冷静，迅速判明情况采取措施。应根据着火原因、场所，采取隔绝氧的有效措施，选择救火方法。常用来灭火的有水、沙、CO_2 灭火器、CCl_4 灭火器、泡沫灭火器、干粉灭火器。

3.2.3 防爆

各种易燃液体、有机化合物和可燃性气体在空气中的含量达到一定的浓度，就能与空气构成爆炸性混合气体，只要有适当的热源诱发，这种混合气体将会引起爆炸。因此应尽量避免可燃气体或蒸气散失到实验室内的空气中。同时要保持实验室内通风良好，不使它们在室内积聚成爆炸性混合气。在使用操作可燃气体时，严禁使用明火，严禁使用可能产生电火花的电器。

3.2.4 防灼伤

除了加热物体和液氮、干冰等高温、低温的物质会引起皮肤灼伤外，一些化学试剂也会灼伤或腐蚀皮肤。像强酸、强碱、溴、强氧化剂、冰醋酸等。使用时一定不要与皮肤接触，尤其是防止溅入眼睛。万一受伤，要及时用大量的清水冲洗，去除皮肤上的化学试剂，而后再用特定溶剂、药剂仔细清洗处理，情况严重的要立即送医院治疗。

3.3 汞的安全使用

在物理化学实验中，汞的使用机会比较多。常温下汞能挥发成蒸气，人吸入体内会受到严重毒害，因而对汞的使用要特别小心。必须严格遵守下列安全用汞的操作规则。

① 储存汞的容器必须是瓷器或结实的玻璃器皿，以免由于汞本身的重量而使容器破损。

② 汞不能直接暴露在空气中，在盛有汞的容器上方加水或密度大的液体矿物油覆盖汞。

③ 汞应存放在远离热源的地方，装有汞的仪器要避免受热。

④ 不论使用汞的量多少，在倾倒操作时都应在装有水的瓷盘中进行。先在装有水的瓷盘上方倾倒出覆盖在汞上面的水层于烧杯中，而后再把烧杯内的水倒入水槽。倾倒汞时一定要缓慢，以免倾倒时溅出，以及操作过程中汞滴偶然洒出时不至于散落在实验台或地面上。

⑤ 实验操作前应检查仪器安放处或连接处是否牢固，以免在实验时汞流出污染环境。

　　⑥ 当汞撒落在地面、实验台、水槽等地方时，应尽可能地用吸管将汞珠收集起来，再用硫黄粉覆盖在汞溅落处，反复摩擦，使汞变为硫化汞。

　　⑦ 擦过汞齐或汞的抹布或滤纸等必须放在盛有水的玻璃容器或瓷杯中。

　　⑧ 使用汞的实验室必须有良好的通风设施，经常通风，以清除汞的蒸气。

　　⑨ 手上有伤口，切不可接触汞。

第2部分 实 验

实验一 燃烧热的测定

一、实验目的

1. 熟悉氧弹量热计的原理和作用，掌握氧弹量热计的操作技术。
2. 明确燃烧热的定义，了解恒压燃烧热与恒容燃烧热的区别及相互关系。
3. 学会用氧弹量热计测定有机物的燃烧热。

二、预习要求

1. 熟悉氧弹量热计和氧气钢瓶的正确操作方法及使用注意事项。
2. 了解压片机的正确使用方法及在样品压片时应注意的问题。
3. 明确样品压片及装入氧弹操作时应注意的几个问题，了解点火容易失败的原因。

三、实验原理

在适当的条件下，许多有机物都能迅速而完全地进行氧化反应，这就为准确测定它们的燃烧热创造了有利条件。本实验采用压力为 1.8～2.0MPa 的氧气作为氧化剂。测量的基本原理是将一定量待测物质样品在氧弹（见图 1）中完全燃烧，燃烧时放出的热量使量热计（见图 2）本身及氧弹周围介质（本实验用水）的温度升高。所以，测定出燃烧前后量热计

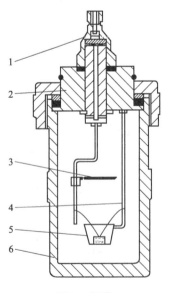

图 1　氧弹

1—阀体；2—弹头；3—遮罩；

4—坩埚架；5—坩埚；6—弹筒

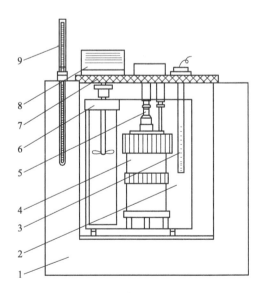

图 2　SF-GR3500S 型数显氧弹式量热计

1—外壳；2—内筒；3—测温探头；4—氧弹；

5—电极；6—搅拌器；7—盖子；

8—搅拌电机；9—工业用玻璃套温度计

（包括氧弹周围介质）温度的变化值，就可以计算该样品的燃烧热。本实验测定方法有恩特公式法和国标法。

1. 恩特公式法

当采用恩特公式法进行测定时，热平衡式为：

$$Q_V m + qb = Wh\Delta t + C_总 \Delta t \tag{1}$$

式中　Q_V——被测物质的定容燃烧热，J/g；

$\quad\quad m$——被测物质的质量，g；

$\quad\quad W$——水桶中水的质量，g；

$\quad\quad q$——引火丝的燃烧热，J/g（对镍丝，$q = -3240$J/g）；

$\quad\quad b$——燃烧掉的引火丝质量，g；

$\quad\quad h$——水的比热容，J/(g·℃)；

$\quad\quad C_总$——氧弹、水桶等的总热容，J/℃；

$\quad\quad \Delta t$——与环境无热交换时的真实温差，℃。

如在实验时保持水桶中的水量一定，则把式(1)右边常数合并得到式(2)：

$$Q_V m + qb = E\Delta t \tag{2}$$

式中，$E = Wh + C_总$（J/℃）称为量热计的热容量，即量热计温度升高 1℃ 所需要吸收的热量。

实际上，氧弹式量热计不是严格的绝热系统，加之由于传热速度的限制，燃烧后由最低温度达最高温度须一定的时间，在这段时间里系统与环境难免发生热交换，因此从温度计上读得的温度就不是真实的温差 Δt。为此，必须对读得的温差进行校正，温差校正常用恩特公式：

$$\Delta t_{校正} = m(V + V_1)/2 + V_1 r \tag{3}$$

式中　V——点火前，每半分钟量热计的平均温度变化；

$\quad\quad V_1$——样品燃烧使量热计温度达到最高而开始下降后，每半分钟的平均温度变化；

$\quad\quad m$——点火后，温度上升很快（每半分钟大于 0.3℃）的间隔数（点火后第一个间隔不管温度升高多少都计入 m 中）；

$\quad\quad r$——点火后，温度上升较慢（每半分钟小于 0.3℃）的间隔数。

在考虑了温差校正后，真实温差 Δt 应该是：

$$\Delta t = t_高 - t_低 + \Delta t_{校正} \tag{4}$$

式中，$t_低$ 为点火前读得量热计的最后温度；$t_高$ 为点火后量热计达到最高温度后，开始下降的第一个读数。计算示例见附一。

从式 (2) 可知，要测得样品的 Q_V，必须知道量热计的热容量 E。测定的方法是以一定量的已知燃烧热的标准物质（一般用苯甲酸，$Q_V = -26526$J/g）在相同条件下进行实验，测得 $t_高$、$t_低$，并用式(3)、式(4) 算出 Δt 后，就可按式(2) 算出 E 值。

2. 国标法

当采用国标法时，在量热计与环境没有热交换情况下，实验时保持水桶中水量一定，可写出如下的热量平衡式：

$$Q_V m + qb = E(t_n - t_0 + c) \tag{5}$$

式中　t_0——主期内筒最初温度；

t_n——主期内筒最末温度；

E——量热计的热容量，即量热计温度升高 1℃ 所需要吸收的热量；

c——冷却校正值。

Q_V、m、q、b 的意义同恩特公式法所述。

（1）冷却校正值 c 的计算

$$c = (n-a)V_n + aV_0 \tag{6}$$

式中　n——内筒主期读温次数；

a——当 $\Delta/\Delta 1'40'' \leqslant 1.20$ 时，$a = \Delta/\Delta 1'40'' - 0.10$；当 $\Delta/\Delta 1'40'' > 1.20$ 时，$a = \Delta/\Delta 1'40''$；其中 $\Delta = t_n - t_0$，为主期内总温升值，$\Delta 1'40'' = t_{1'40''} - t_0$，为点火后 $1'40''$ 时的温升值；

V_0——在点火初期阶段，由于内外筒温差的影响所造成的内筒降温速度，℃/min，$V_0 = (T_0 - t_0)/10$，T_0 为初期内筒最初温度；

V_n——在末期阶段，由于内外筒温差的影响所造成的内筒降温速度，℃/min，$V_n = (t_n - T_n)/10$，T_n 为末期内筒最后温度。

（2）热容量 E 的计算　由式（5）可知，要测得样品的 Q_V 必须知道量热计的热容量 E。测定方法是，以一定量的已知燃烧热的标准物质（苯甲酸），在相同的条件下进行实验，测得 T_0、T_n、t_n、t_0，并用式（6）计算出 c 后，就可按式（5）算出 E 值。计算示例见附二。另外，利用下面两式：

$$K = \frac{V_0 - V_n}{t_0 - t_n} \tag{7}$$

$$A = \frac{(V_0 + V_n) - K[(t_0 - t_j) + (t_n - t_j)]}{2} \tag{8}$$

求出 K 和 A 以备求萘的燃烧热时用，K 称为冷却常数（min^{-1}），A 为综合常数，t_j 为外筒温度。

（3）燃烧热的计算　由式（5），被测物的燃烧热可表示为：

$$Q_V = \frac{E(t_n - t_0 + c) - qb}{m} \tag{9}$$

式中，t_n、t_0、q、b、m、c 的定义和计算式与热容量计算时一致，但在 c 的计算中 V_n 和 V_0 的计算式不同，此时，V_n 和 V_0 应由式（10）和式（11）计算：

$$V_0 = K(t_0 - t_j) + A \tag{10}$$

$$V_n = K(t_n - t_j) + A \tag{11}$$

而 K 与 A 可用测热容量时的数据按式（7）、式（8）计算。

四、仪器与试剂

SF-GR3500S 型数显氧弹式热量计（附压片机）一台

氧气钢瓶、氧气表、充氧阀及充氧管（共用）

AL204 型电子天平（共用）

万用电表（共用）

镊子、钢尺、剪刀各一把

1000mL 容量瓶 1 个

表面皿 1 个

苯甲酸（A. R.）

萘（A. R.）

引火丝

五、实验步骤

1. 安装氧弹

粗称约 1g 苯甲酸，放入干净的压片机内进行压片（压片机要专用），将压成的片放在干净的表面皿上，敲击 2～3 次，再用电子天平准确称重。用手拧开氧弹盖，将盖放在专用架上，装好坩埚，内放适量酸洗石棉。用手指轻轻压平，然后剪取约 12～13cm 长的引火丝，在电子天平上称量，缠紧在两电极上，使引火丝的中间成环状放在坩埚内的石棉上，再把压好并准确称重的样品片放在引火丝上面（注意引火丝不要与坩埚接触，尽量与药片多接触），用万用电表测氧弹上两电极是否通路（两电极间的电阻值，一般不应大于 20Ω）。

盖好并用手拧紧弹盖，装上冲氧器，然后依次打开氧气瓶总阀、减压阀及冲氧器，使氧气缓慢进入氧弹，达 1.8～2.0MPa 后，再依次关好总阀、减压阀，取下充氧器。再检查氧弹是否通路，若不通，应放出氧气，打开弹盖进行检查。

用容量瓶准确量取 3000mL 自来水（使内筒水温低于外筒水温约 0.5～1℃），装入干净的不锈钢水桶中，然后把氧弹放入水桶中（注意是否有气泡冒出，如有漏气，要设法排除），盖上盖子，装上测温探头，打开电源，开动搅拌，检查磁力搅拌器是否运转（搅拌时不得有摩擦声），并检查电极是否接触好。检查完毕即可进行测试。

2. 智能型数显量热计的不同测试方法（恩特公式法和国标法）

打开电源，开机后时间设置不用操作，3s 后自动进入待机状态，数码管出现温度显示。在待机状态下按"启动"键，进入测试方法选择，数码管上出现测试方法编号和代码（"01""g1"代表"国标方法"燃烧热的检测；"02""g2"代表"国标方法"热容量检测；"03""g3"代表"恩特公式法"……），按"增""减"键调整，当显示为所需要的方法时，按"确认"键，程序随即自动进入引火丝检测。如发现因接触不良或安装不当而导致的电阻过大、开路或短路，仪器自动终止启动，蜂鸣器鸣响，数码管上出现闪烁和提示字符，随后返回待机状态。检查消除故障后再次按"启动"键、"确认"键，如引火丝正常便进入搅拌延时，"启动"灯亮。5min 后"初期"灯亮正式进入测温。测试中如点火失败会自动终止，发出声光报警，可按"终止"键退出测试。

（1）恩特公式法　氧弹安装方法与上述相同。测试方法选择中选择"03"（即"g3"），按"确认"键，若引火丝检测正常，5min 后，"初期"灯亮，进入测温。"00"为起始序号，每隔半分钟蜂鸣音响，提示读数。按记录次数读数，直至次数到达"10"完毕。"主期"灯亮，仪器自动点火，"点火"灯亮，若点火成功，则进入主期，继续半分钟读一次，温度开始下降后，进入末期，"末期"灯亮，再读取末期读数，以"00"为起始序号，每隔半分钟读数，直至次数到达"10"便可停止实验。量热计热容量 E 和萘燃烧热的测定均按上述步骤进行。

（2）国标法

① 热容量 E 的测定　选择"02"（即"g2"）进行热容量的测试。开始测试前先将测温探头放入内筒，启动搅拌 5min 后，进入测试初期，1min 后以"00"为起始序号记录内筒温度（T_0），此时将探头移至外筒。随后每过 1min 测温次数增加 1，但并不记录。当

次数至"08"后，标示进程由"初期"改到"主期"，再过1min，记录次数显示"00"时，记录外筒温度（t_j），并立即将探头从外筒取出，擦干积水后迅速放入内筒（动作要快）。记温次数增到"01"时，记录内筒初温（t_0）。随后按次数连续记录直至记到第一个下降温度后进入末期，末期只显示次数并不记录，直至末期次数到达"10"时记一个温度值为止。

② 萘的燃烧热的测定　氧弹安装方法同热容量的测定。选择"01"（即"g1"）进行燃烧热的测定，完成各项必要的准备后，开动搅拌将测温探头放入外筒，启动搅拌5min后，进入"初期"，1min后，记录外筒温度（t_j），记温次数达"00"时，立即将测温探头从外筒取出，擦干积水迅速放入内筒（动作要快）。第"01"时记录内筒初温（t_0），同时自动点火。第"02"时记录为点火后1'40″的温度值；第"03"时记录为点火后3min的温度值。以后每1min测记一次，直至测记到第一个下降温度（t_n）后结束。

③ 停止实验后，关上搅拌器，先取下测温探头，再打开量热计盖，取出氧弹并将其擦干，装上放气阀，放完气后，拧开盖子，检查燃烧是否完全，如弹中有烟黑或未燃尽的试样微粒表明未完全燃烧，应重做。同时将燃烧后剩下的引火丝在分析天平上称量（注意：燃烧丝剩余的两端小球应去掉，不在称量范围内），最后倒出内筒中的水，用毛巾擦干全部设备（包括内筒氧弹内以及氧弹盖下），坩埚在每次使用后，必须清理干净。以待进行下一次实验。

六、实验数据记录与数据处理

1. 计算量热计的热容量 E。
2. 计算萘的燃烧热 Q_V。

七、注意事项

1. 氧弹及氧气通过的各个部件，各连接部分不允许有油污，更不允许使用润滑油，必要润滑时，可用少量甘油。
2. 使用氧气钢瓶时，在开总阀前，要检查减压阀是否关好。充氧时，注意总阀和减压阀的正确使用顺序，注意开关的方向和压力。实验结束后，要关上总阀，注意排净余气，使指针回零。氧气钢瓶内总压不得低于3.0MPa。
3. 室内禁止使用各种热源，如电炉、火炉、暖气等。
4. 严格遵守操作程序，以免损坏仪器或发生事故。

八、思考题

1. 在使用氧气钢瓶及氧气减压阀时应注意哪些规则？
2. 在燃烧焓测定实验中，哪些因素容易造成误差？
3. 何谓量热计的热容量？如何测定？
4. 写出萘燃烧的反应方程式，如何根据实验测得的 Q_V 求萘燃烧反应的 Q_p？
5. 如何利用萘的燃烧热数据计算萘的标准生成热？

九、讨论

1. 要准确测量热效应，除了要求样品完全燃烧以外，还必须使燃烧后放出的热量不散失，不与周围环境发生热交换，全部传递给量热计本身和其中的盛水，使量热计和水的温度升高。但常用的外壳等温式量热计，体系与环境之间存在着温度差，必然有热传递，另外还有蒸发、对流、辐射等影响，搅拌器的机械能也可变为热能而引入体系，这些因素都给准确测量温差带来了困难，因此必须进行热漏校正。除了常用的恩特公式法以外，还可用雷诺作图法校正。其校正方法如下。

称适量待测物质，使燃烧后水温升高 1.5～2.0℃，预先调节水温低于环境温度 0.5～1.0℃，然后将燃烧前后观察的水温对时间作图，得温度与时间的曲线 $abcd$（图 3）。图 3 中 b 点相当于开始燃烧之点，c 点为观测的最高温度值，由于量热计与外界的热交换，曲线 ab 和 cd 常常发生倾斜。从相当于室温的 T 点作横坐标的平行线 TO，与温度和时间的曲线相交于 O 点，然后过 O 点作垂直线 AB，此线与 ab 线和 cd 线的延长交于 E、F 两点，则 E 点和 F 点所表示的温度差即为欲求温度的升高值 ΔT，如图 3 所示。EE' 为开始燃烧到温度升至环境温度这一段时间内，因环境辐射和搅拌引起的能量造成量热计温度的升高，必须扣除。FF' 温度由环境温度升到最高温度 c 点这一段时间内，量热计向环境辐射出能量而造成的温度降低，因此这部分是必须加入的。由此可见，E、F 两点的温度差比较客观地表示了样品燃烧使量热计温度升高的值。有时量热计绝热情况良好，热量散失少，而搅拌器的功率又比较大，从而不断地引入少量热量，使燃烧后的温度最高点不出现，这种情况下，ΔT 仍可按照相同原理进行校正，如图 4 所示。

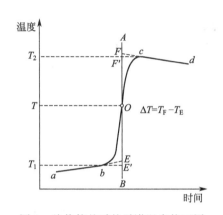

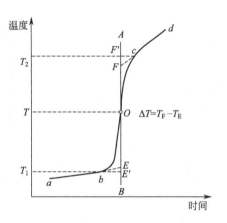

图 3　绝热较差时的雷诺温度校正图　　　　图 4　绝热良好时的雷诺温度校正图

2. 在精密测量中，当氧弹内存在微量空气时，N_2 的氧化会产生热效应，这部分热效应应从总热量中扣除。为此，在装样时，可预先在氧弹中加入 10mL 蒸馏水，燃烧后，将所生成的稀 HNO_3 溶液移至锥形瓶中，并用少量蒸馏水洗涤氧弹内壁，一并收集在锥形瓶中，煮沸片刻，用酚酞作指示剂，以 0.1mol/L 的 NaOH 溶液滴定，每毫升碱液相当于 5.98J 的热值（放热）。

附一：国标法中热容量 E 的计算示例

1. 所测数据

初期	主　　期										末期
	1	2	3	4	5	6	7	8	9	10	
25.274	25.559	25.284	26.770	26.998	27.050	27.071	27.080	27.083	27.084	27.082	27.054
初内	外	内初									
T_0	t_j	t_0	1′40″			$n=9$				t_n	T_n

2. **热容量 E 的计算**

$V_n = (27.082-27.054)/10 = 0.00280℃/\text{min}$

$V_0 = (25.274-25.284)/10 = -0.00100℃/\text{min}$

$a = (27.082 - 25.284)/(26.770 - 25.284) = 1.20996$

$c = (9 - 1.20996) \times 0.0028 - 0.001 \times 1.20996 = 0.0206℃/min$

$E = (-26526 \times 0.9940 - 68)/(27.082 - 25.284 + 0.0206) = -14536J/℃$

其中，苯甲酸质量 $m = 0.9940g$，$Q_V = -26526J/g$，引火丝燃烧热为 $qb = -68J$。

附二：恩特公式法中 Δt 计算示例

1. 所测数据

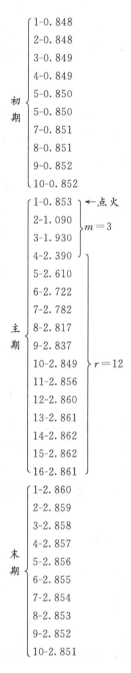

初期
- 1-0.848
- 2-0.848
- 3-0.849
- 4-0.849
- 5-0.850
- 5-0.850
- 7-0.851
- 8-0.851
- 9-0.852
- 10-0.852

主期
- 1-0.853 ←点火
- 2-1.090 } $m=3$
- 3-1.930
- 4-2.390
- 5-2.610
- 6-2.722
- 7-2.782
- 8-2.817
- 9-2.837
- 10-2.849 } $r=12$
- 11-2.856
- 12-2.860
- 13-2.861
- 14-2.862
- 15-2.862
- 16-2.861

末期
- 1-2.860
- 2-2.859
- 3-2.858
- 4-2.857
- 5-2.856
- 6-2.855
- 7-2.854
- 8-2.853
- 9-2.852
- 10-2.851

2. Δt 的计算

$V = (0.848 - 0.853)/10 = -0.000500℃/0.5min$，$V_1 = (2.861 - 2.851)/10 = 0.00100℃/0.5min$

$\Delta t_{校正} = [(-0.000500 + 0.00100) \times 3]/2 + 0.00100 \times 12 = 0.0128℃$

$\Delta t = (2.861 - 0.853 + 0.0128) = 2.021℃$

实验二 液体饱和蒸气压的测定

一、实验目的

1. 掌握静态法测定环己烷在不同温度下饱和蒸气压的原理和操作方法，并学会求其在实验温度范围内的平均摩尔汽化热。
2. 理解液体饱和蒸气压与温度的关系即克劳修斯-克拉贝龙方程式的意义。
3. 掌握真空泵、恒温水槽及气压计的使用方法，熟悉缓冲气罐的工作原理与操作。

二、预习要求

1. 明确蒸气压、正常沸点的含义。
2. 理解用静态法测液体饱和蒸气压的基本原理。
3. 了解缓冲气罐的构造原理与操作方法。

三、实验原理

在一定温度下，与纯液体处于平衡状态时的蒸气压称为该温度下液体的饱和蒸气压。这里的平衡状态是动态平衡，在某一温度下，被测液体处于密闭真空容器中，液体分子从表面逸出成蒸气，同时蒸气分子又因碰撞凝结成液相，当两者速率相等时，就达到了动态平衡。此时，气相中的蒸气密度不再改变，所以具有一定的饱和蒸气压。蒸发 1mol 液体所需要吸收的热量，即为该温度下液体的汽化热。

蒸气压随温度的变化率服从克拉贝龙（Clapeyron）方程：

$$\frac{\mathrm{d}p}{\mathrm{d}T} = -\frac{\Delta H_{\mathrm{m}}}{T(V_{\mathrm{g}} - V_1)} \tag{1}$$

式中　ΔH_{m}——摩尔汽化热；

　　　V_{g}——气体的摩尔体积；

　　　V_1——液体的摩尔体积。

若气体可以看作理想气体，和气体的体积比较，液体的体积可以忽略；又设在不大的温度间隔内，汽化热可以近似地看作常数，则积分式(1) 可得：

$$\ln\frac{p_2}{p_1} = \frac{\Delta H_{\mathrm{m}}}{R} \times \frac{T_2 - T_1}{T_2 T_1} \tag{2}$$

或

$$\ln p = -\frac{\Delta H_{\mathrm{m}}}{RT} + C \tag{3}$$

式中　R——理想气体通用常数；

　　　C——积分常数；

　　　p——液体在温度 $T(\mathrm{K})$ 时的蒸气压。

上述公式都是克拉贝龙-克劳修斯（clapeyron-clausius）方程的积分形式。这些公式对单组分气液平衡很有用。

实验测得各温度下的饱和蒸气压后，以 $\ln p$ 对 $1/T$ 作图，得一直线，直线斜率 K 为：

$$K = -\frac{\Delta H_{\mathrm{m}}}{R} \tag{4}$$

由此式可求得摩尔汽化热 ΔH_m。

本实验采用静态法，利用等压计直接测定环己烷的饱和蒸气压，仪器装置如图 1 所示。其中所用等压计的结构见图 2。等压计中液体的加入方法是：烤热等压计管 a，赶出部分空气，从上口处用滴管加入待测液体环己烷。a 管冷却时将环己烷吸入，约加管 a 体积 2/3 的环己烷，然后加入部分环己烷于管 b 和管 c 中作为封闭液。

开动真空泵抽气后，管 a、b 之间封入的空气和环己烷蒸气被抽走，控制一定的抽气速度，使 a、b 管中气相部分所含空气的量小到完全可以忽略的程度（a、b 管间空气是否赶干净是本实验测定准确与否的一个关键）。停止抽气，调整 b、c 管中的环己烷液面相平。若 b、c 管中的液面相平（如图 2 所示），则管 c 中的压力与管 a 或管 b 中环己烷的饱和蒸气压相等。因管 c 与数字型压力计相连，所以从数字型压力计上可直接读出大气压与环己烷饱和蒸气压的差值。此测定温度下环己烷的饱和蒸气压＝大气压力值－｜压力计读数｜。

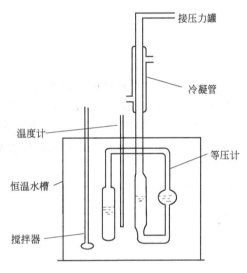

图 1　蒸气压测定装置图

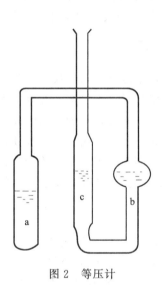

图 2　等压计

四、仪器与试剂

DP-AF 型精密数字压力计一台

SHZ-D 型水循环真空泵一台

压力罐一台

76-1 型恒温玻璃水浴一套

等压计一支

水银温度计一支

洗耳球一个

滴管一支

环己烷（A. R.）

五、实验步骤

1. 检查等压计内液体状况。适宜情况是：a 管内液面在 2/3 左右，b、c 管内液面在 b 管小球中间高度左右。若液面过高或过低，需要做适当调整，实验期间保持等压计与水平面垂直。

2. 检查系统是否漏气。打开真空泵，再打开压力罐闸阀（以下简称阀1）及系统调压阀（以下简称阀2），关闭微调阀（以下简称阀3）（压力罐装置图见附二中图4）。启动气泵抽气，此时压力计上所显示的负压力值即为系统压力低于大气压力的数值（压力计的使用见附一）。当系统压力降低20~30kPa时，关闭阀1、阀2，关闭真空泵，隔数分钟，观察压力计读数是否改变，检查系统是否漏气。

3. 确认系统不漏气后，调整温度控制仪，使恒温水槽温度恒定在待测的第一个温度（一般25℃左右，夏天室温），本实验在25~50℃温度范围内测定，间隔2~3℃。打开压力计开关，选择单位键为kPa，仪器采零。打开冷凝水，开动电动搅拌机，而后启动循环水真空泵，关闭阀3，打开阀1、阀2，使系统内压力下降。控制抽气速度，排除等压计a、b管间的空气，以等压计管c中气泡一个一个地逸出为宜，如果抽气速度太快，环己烷液体会冲入冷凝管。当抽气至系统内残留空气量在实验误差以下时，关闭阀1、阀2，关闭循环水真空泵。在不抽气的情况下，管c中仍有气泡不断地逸出，可认为环己烷已沸腾。否则，可认为管a、b之间仍有残留空气，应继续抽气，直至环己烷确实沸腾。

4. 待环己烷沸腾1~2min后，缓慢开启阀3放入空气，逐步使等压计管b、c中液面相平（注意：一定要调至两液面确实相平）。若一下放入空气过多，使管c中液面低于管b中液面，不再回升，则应打开阀2稍排一下气，使管c中液面高于管b，再重新打开阀3，缓慢调至b、c中液面相平。

5. 读取恒温水槽内水银温度计所指示的温度及数字压力计上所显示的负压力，即大气压与环己烷饱和蒸气压之差值（以下在数据列表中简称压差）。

6. 调节温度控制仪，使恒温水槽内温度升高2~3℃。当温度恒定后，再小心打开阀3，缓慢放入空气，直至等压计b、c两液面相平，迅速关闭阀3，读取此时恒温水槽内水银温度计的温度及数字压力计上显示的压差。用同样的方法每隔2~3℃测定一次，直至测出8~10个数据。

7. 实验完毕，应打开阀3、阀2缓缓放入空气，消除压差。

8. 实验前后各读一次大气压，取前后两次大气压的平均值作为实验时的大气压值。

六、实验数据记录与数据处理

1. 数据记录（见表1）

表1　温度、压力数据

室温_____　　实验前大气压_____　　实验后大气压_____　　大气压平均值_____

温度 T/K							
压差/kPa							
蒸气压 p/kPa							
$\ln p$							
$1/T/K^{-1}$							

2. 根据实验数据作 $\ln p$-$1/T$ 图，求出斜率。这一过程可以用计算机软件处理完成，详见本实验讨论部分。

3. 计算环己烷在实验温度范围内的平均摩尔汽化热。

4. 与理论值比较算出相对误差（摩尔汽化热理论值自查）。

七、注意事项

1. 阀门的开启和关闭不可用力过猛，以防影响气密性。特别是开启阀 3 放入空气时，一定要缓慢进行，防止空气过快进入等压计，将环己烷冲入管 a 中。

2. 阀门的开关顺序一定要熟悉，不可将顺序搞错。

3. 真空水泵应按要求操作，防止水倒灌入压力缓冲罐中。

八、思考题

1. 为什么等压计管 a、b 中的空气要赶净？怎样判断它已被赶净？

2. 克-克方程在什么条件下才能使用？

3. 在开启阀 3 放入空气进入系统时，放得过多时应怎么办？

九、讨论

1. 本实验中可采用 Origin 软件对实验数据做线性拟合。

① 打开 Origin 软件，在"Data1"（工作表窗口）中输入测量数据，A(X)、B(Y) 代表变量和自变量，在这里即可输入 $\frac{1}{T}$ 与 $\ln p$ 的实验数据，点击菜单中"Plot"（绘图）键，将显示 Origin 可以制作的各种图形，包括直线图、散点图、点线图等。一般可选择散点图，即可绘制出所需的 $\ln p$-$\frac{1}{T}$ 的图形，然后在所绘图中双击"X Axis Title"和"Y Axis Title"区域，分别可以键入 X 轴、Y 轴的变量名称、单位。

② 点击菜单中"Analysis"（分析）键，选择其中的"Linear Fit"（线性拟合）键，即可绘制出拟合直线（红线表示），同时在下面给出线性回归方程"$Y = A + B * X$"，可方便得到拟合参数如直线的斜率 B、截距 A、回归系数 R、标准偏差 SD 等。从拟合得到的斜率可以计算出摩尔汽化热的数值。

③ 点击菜单中"Edit"（编辑）键，选择"Copy Page"（拷贝页面）键，可将当前窗口中所绘的图形拷贝到 Word 文档中，进行以后的操作。如需进行修改，可在 Word 文档中双击图形，即可回到 Origin 软件界面中进行处理。

2. 测定液体饱和蒸气压常用的三种方法

(1) 动态法　动态法是指连续改变体系压力，同时测定在不同的指定压力下液体的沸点，此时与沸点所对应的外界压力就是液体的饱和蒸气压。

(2) 静态法　把待测液体放在一个封闭的系统中，在保证液体沸腾的情况下直接测定不同的指定温度下液体的饱和蒸气压。此法适用于具有较大蒸气压的液体，测定时应将体系内其他气体排净。

(3) 饱和气流法　在一定温度和压力下，让一定体积的干燥惰性气体缓慢地通过被测液体，使气体为该液体的蒸气所饱和。然后测定混合气体中被测液体蒸气的量，进而得到其蒸气分压即为该温度下被测液体的饱和蒸气压。该法适用于蒸气压较小的液体。

附一：DP-AF 型压力计使用说明

1. DP-AF 型精密数字压力计面板示意图（如图 3 所示）

2. 使用方法

(1) 操作前准备

① 该机压力传感器与二次仪表为一体，使用 $\phi 4.5 \sim 5$mm 内径的真空橡胶管将仪器后

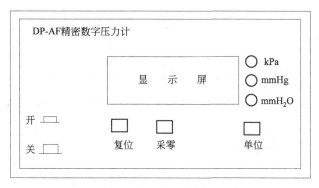

图3 DP-AF型精密数字压力计面板示意图

面板压力接口与被测系统连接。

② 将仪表后面板的电源线接入交流220V电网，电源插头与插座应相配合。

③ 将面板电源开关置于ON位置，按动"复位"键，显示器LED和指示灯亮，仪表处于工作状态。

④ "单位"键：按通电流，初始状态为"kPa"指示灯亮，LED显示以kPa为计算单位的零压力值；按一下"单位"键，"mmHg"指示灯亮，LED显示以mmHg为计算单位的零压力值，根据被测系统选择所需量程。

（2）操作步骤

① 预压及气密性检查：缓慢加压到满量程，或减压到30～40kPa，检查传感器及其检测系统是否有泄漏，确认无泄漏后，恢复至零，然后正式测试。

② 在测试前必须按一下"采零"开关，使仪表自动扣除传感器零压力值（零点漂移），显示器为"0000"，保证正式测试时显示值为被测介质的实际压力值。

③ 测试：缓慢加压或抽气，当加正压力或负压力至所需压力时，显示器所显示值即为该温度下所测系统与大气压力的差值。

④ 关机：将被测压力泄为"0000"，将"电源开关"置于"OFF"位置，即为关机。

注意：尽管仪表作了精细的零点补偿，但传感器本身固有的漂移（如时漂）是无法处理的。因此每测一次后，再测试前必须按一下采零键，以保证所测压力值的准确度。

附二：压力装置简介

1. 压力罐安装示意图（如图4所示）

2. 使用说明

① 安装：将压力罐闸阀及两个三通接口用橡胶管或塑料管分别与气泵、压力计、实验装置连接即可。安装时应注意连接管插入接口深度≥15mm，否则会影响气密性。

② 操作：将压力罐闸阀（以下简称阀1）、系统调压阀（以下简称阀2）打开，微调阀（以下简称阀3）关闭（顺时针关闭，逆时针开启，阀1、2、3相同），启动气泵加压或抽气，压力计上所显示的数字即为压力罐中压力与大气压力的差值。首次使用或长期未使用，重新启用时应先做密封性试验。

具体操作过程如下。关闭阀1，停止气泵工作，检查阀2是否开启，阀3是否关闭。观察压力计，显示数字下降值在标准范围内，气密性良好，超出标准范围需查找原因，进行维修。经气密性试验，并证明性能良好后，可进入实验操作。打开阀1，启动气泵，当压力达

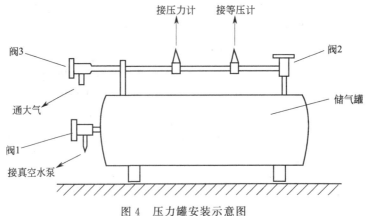

图 4 压力罐安装示意图

到实验所需的压力（应略高于实验所需最高压力值）时，首先关闭阀 1，停止气泵工作，关闭阀 2，用阀 3 将压力调整到实验所需压力，即可开始实验。实验过程中需调整压力时，先打开阀 2，将压力罐中的压力输入实验系统内，当压力计显示的压力值略高于实验所需压力时，即关闭阀 2，用阀 3 调整至所需压力值。采用本办法可获取实验过程中所需的不同压力值，保证整个实验的圆满完成。实验完毕，应打开阀 2、阀 3 释放系统压力使之处于常压下备用。

附三：76-1 型恒温玻璃水浴使用方法

1. 打开电源，把校正、测量开关拨到校正上，旋转校正旋钮使指针到满刻度。然后将校正、测量开关拨到测量上。

2. 旋转设定旋钮使设定温度指针指向所需温度值，这时黄灯亮表示加热，否则，红灯亮表示所设温度低于室温。设置好以后，温控装置将自动控温（注：如所设温度低于室温，温控装置将无法控温）。

3. 由于水槽中的热电偶生锈会造成温度的误差，所以恒温槽的温度应以水槽中水银温度计的温度为准。

实验三 凝固点降低法测定摩尔质量

一、实验目的

1. 掌握用凝固点降低法测定萘的摩尔质量的方法。
2. 通过实验掌握溶液凝固点的测定技术，加深对稀溶液依数性的理解。
3. 掌握数字贝克曼温度计的使用方法。

二、预习要求

1. 明确凝固点降低法测物质摩尔质量的方法。
2. 理解稀溶液的依数性。
3. 了解凝固点测定装置的使用方法。

三、实验原理

化合物的摩尔质量是一个重要的物理化学数据，凝固点降低法是一种简单且比较准确的测定摩尔质量的方法。当溶质和溶剂不生成固溶体而且浓度很稀时，溶液的凝固点降低值与溶质的质量摩尔浓度成正比：

$$\Delta T_{\mathrm{f}} = T_{\mathrm{f}}^{*} - T_{\mathrm{f}} = K_{\mathrm{f}} b_{\mathrm{B}} \tag{1}$$

式中 T_{f}^{*}、T_{f}——纯溶剂和稀溶液的凝固点；

   ΔT_{f}——溶液凝固点降低值；

   b_{B}——溶质的质量摩尔浓度，mol/kg；

   K_{f}——凝固点降低常数，K·kg/mol。

K_{f} 取决于溶剂的性质。以环己烷作溶剂时，$K_{\mathrm{f}} = 20.2\mathrm{K}\cdot\mathrm{kg/mol}$，若取一定量的溶质 $m_{\mathrm{B}}(\mathrm{g})$ 和溶剂 $m_{\mathrm{A}}(\mathrm{g})$ 配成稀溶液，其溶质的质量摩尔浓度：

$$b_{\mathrm{B}} = \frac{m_{\mathrm{B}}}{m_{\mathrm{A}} M_{\mathrm{B}}} \times 1000 \tag{2}$$

式中，M_{B} 为溶质的摩尔质量。

把式（2）代入式（1），整理得：

$$M_{\mathrm{B}} = \frac{K_{\mathrm{f}}}{\Delta T_{\mathrm{f}}} \times \frac{1000 m_{\mathrm{B}}}{m_{\mathrm{A}}} \tag{3}$$

测出 ΔT_{f}，即可求出溶质的摩尔质量 M_{B}。

纯溶剂的凝固点是它的液相和固相共存的平衡温度，若将纯溶剂逐步冷却（在未凝固之前温度将随时间均匀下降。开始凝固后由于放出凝固热而补偿了热损失，体系将保持液固两相共存的温度不变，直到全部凝固，再继续均匀下降），其步冷曲线应如图1中的（1）。但实际过程中往往会发生过冷现象，即在有过冷现象而开始析出固体后，温度才回升到稳定的平衡温度，待液体全部凝固后，温度才逐渐下降，其步冷曲线见图1中的（2）。

溶液的凝固点是该溶液的液相与溶剂的固相共存的平衡温度，若将溶液逐步冷却，其步冷曲线与纯溶剂不同，见图1中的（3）、（4）。由于部分溶剂凝固而析出，使剩余溶液的浓度逐渐增大，因而剩余溶液与溶剂固相平衡温度也在逐渐下降，本实验测定的是浓度已知的溶液的凝固点，因而所析出的溶剂固相的量不能太多，否则要影响原溶液的浓度。如稍有过冷现象，如图1中的（4），则对摩尔质量的测定无显著影响。如过冷严重，如图1中的（5），则所测得的凝固点将偏低，影响摩尔质量的测定结果，因此在测定过程中必须设法控制适当的过冷程度，一般可通过控制冷剂的温度、搅拌速度等方法来达到。因为稀溶液的凝固点降低值不大，所以温度的测量需要用较精密的仪器，本实验采用的是数字贝克曼温度计。

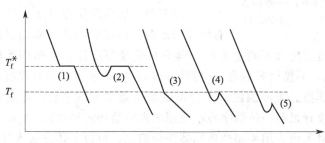

图1 步冷曲线

一般来说，采用凝固点降低法测定摩尔质量具有仪器设备简单，不受外压影响（相对于沸点升高法），低温条件下操作溶剂挥发损失小，一般溶剂均有较大的凝固点下降常数，有利于降低误差等优点。同时，还应注意，被测物质不应在溶剂中产生缔合、离解或溶剂化等现象，否则将会得出不正确的结果。

四、仪器与试剂

NGC-Ⅰ型凝固点测定仪一台

SWC-ⅡB型数字贝克曼温度计一台

AL204型电子天平一台（共用）

KQ-C型气流烘干器一台（共用）

20mL移液管两支

洗耳球一个

−50～50℃水银温度计一支

400mL烧杯一个

环己烷（A.R.）

萘（A.R.）

五、实验步骤

1. 环己烷（溶剂）的凝固点测定

图2为凝固点测定仪示意图，其中凝固点管、数字贝克曼温度计测温探头及搅拌器均需清洁且干燥，搅拌时应防止搅拌器与管壁或测温探头相摩擦。

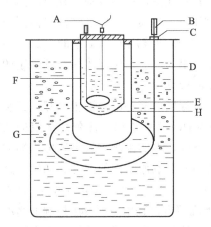

图 2　凝固点测定仪示意图

A—测温探头；B—搅拌器；C—加冰口；
D—凝固点管；E—空气套管；F—搅拌器；
G—冰水混合物（寒剂）；H—被测试剂

首先将冰敲成碎块，在放寒剂的烧杯、凝固点测定仪中都加入冰和水各一半待用（在实验过程中用搅拌器不断进行搅拌，并间断地补充少量的冰，使寒剂温度保持在3.5℃左右）。

用移液管取20mL环己烷液体，加入凝固点管中，先放寒剂中降温冷却，同时不断搅拌，至液体中出现浑浊有固体析出时，用贝克曼温度计测量读数，其读数作为凝固点的参考温度。然后将凝固点管取出，用手温热，使管内固体熔化。再在装放寒剂的烧杯中降温，并不断搅拌，当温度降至参考温度0.5℃以上时，将凝固点管取出，快速把管外水擦拭干净，放入空气套管（使用前要用橡皮塞塞起来）中继续降温，并不断搅拌，观察贝克曼温度计读数的变化，当温度低于近似凝固点0.2～0.3℃时，应急速搅拌（防止过冷超过0.5℃）。当有固体析出时，温度将不再下降而迅速回升，此时应立即减慢搅拌，至温度稳定而不再上升时，读取贝克曼温度计上数据即为所测的溶剂凝固点（注意：如是纯溶剂，温度回升后有一定稳定时间；如是溶液，则应在温度回升至最高点而不再上升时，即刻读数。步冷曲线的平台不是严格意义上的平台，而是在某一温度附近浮动，数字贝克曼温度计最后一位数字在小范围内来回跳动时即可）。

最后将凝固点管取出，用手温热使固体完全熔化，再按上述方法重复测定三次，至数据相互差异不超过0.005℃为止。

2. 溶液（萘的环己烷溶液）的凝固点测定

用电子天平称量萘约0.1g左右，加入凝固点管中，使其溶解后按上述方法测定溶液的凝固点，重复测量三次。

实验完毕，将搅拌器取出，排净冰水混合物，并将凝固点管中的废液倒入回收瓶内，洗净凝固点管后放在气流烘干器上烘干。

六、实验数据记录与数据处理

1. 数据记录（见表1）

表 1　数据记录

物　　质	质　　量	凝固点	凝固点平均值	凝固点降低值
环己烷		1 _____ 2 _____ 3 _____		
萘		1 _____ 2 _____ 3 _____		

2. 数据处理

① 根据环己烷的密度，计算所取溶剂环己烷的质量 m，环己烷的密度由下式计算：

$$\rho(\text{g/cm}^3)=0.7971-0.8879\times10^{-3}t/\text{℃}$$

② 计算萘的摩尔质量并与文献值对比。

③ 计算本实验的相对误差，分析误差产生的原因。

七、注意事项

1. 实验前凝固点管、贝克曼温度计测温探头以及搅拌器均需清洁而干燥。

2. 寒剂的高度应超过凝固点管中待测液体的高度。

3. 用搅拌器搅拌时应注意要避免摩擦测温探头，以防引起温度读数的不准确。

4. 操作中每次将凝固点管取出来用手握住加热熔化晶体时，注意时间不要过长，最好是以晶体刚熔化为度，以免升温太高，再冷却需很长时间。

5. 测 ΔT_f 是实验的难点。要能很好地控制过冷程度，溶剂固相析出量不能太多，溶液温度回升至最高点就是其凝固点。需要认真仔细的观察凝固点管内、贝克曼温度计读数的变化情况。

八、思考题

1. 什么叫纯溶剂与溶液的凝固点？凝固点降低的公式在什么条件下才适用？凝固点降低法测摩尔质量有何优点？

2. 为什么在溶液凝固点测定中，溶剂析出量不宜过多？

3. 为什么要使用空气套管，过冷太甚有何弊病？

九、讨论

严格而论，由于测量仪器的精密度限制，被测溶液的浓度并非符合假定的要求，此时所测得的溶质摩尔质量将随溶液浓度的不同而变化。为了获得比较准确的摩尔质量数据，常用外推法，即以所测的摩尔质量为纵坐标，以溶液浓度为横坐标，外推至溶液浓度为零时，得到比较准确的摩尔质量数值。

附：SWC-ⅡB 型数字贝克曼温度计（见图 3）使用方法

1. 温度测量操作

① 将面板"温度-温差"按钮置于"温度"位置（抬起位），显示器显示数字并在末尾显示"℃"，表明仪器处于温度测量状态。

② 将面板"测量-保持"按钮置于"测量"位置（抬起位）。

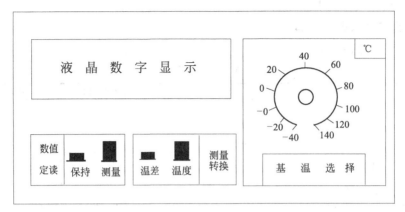

图 3 SWC-ⅡB 型数字贝克曼温度计面板示意图

2. 温差测量操作

① 将面板"温度-温差"按钮置于"温差"位置（按下位），此时显示器末位显示"·"，表明仪器处于温差测量状态。

② 将面板"测量-保持"按钮置于"测量"位置（抬起位）。

③ 按被测物的实际温度调节"基温选择"，使读数的绝对值尽可能的小（实际温度可以用本仪器测量），记录数字 T_1。显示数字为实际温度减去基温选择。

例如，物体实际温度为 15℃，则应将"基温选择"置于"20℃"位置，此时显示器显示"−5.000·"。

④ 显示器动态显示的数字即为相对于 T_1 的温度变化量 ΔT。

例如，当 $T_1=5.835℃$（基温选择不变），若显示器显示 6.325℃，则 $\Delta T=6.325-5.835=0.490(℃)$。

3. 保持功能操作

当温度和温差变化太快无法读数时，可将面板"测量-保持"按钮置于"保持"位置（按下位），读数完毕应转换到"测量"位置，跟踪测量。

4. 注意事项

① 本仪器测温探头插入被测物中深度应大于 50mm。探头编号应与仪器后盖编号相符，并和后盖的"Rt"端子对应连接紧。

② 作温差测量时，"基温选择"在一次实验中不允许换挡。

③ 当跳跃显示"0000"时，表明仪器测量已超量程，检查被测物的温度或基温选择是否正确以及传感器是否接好。

④ 若仪器数字不变，可检查仪器是否处于"保持"状态。

实验四　偏摩尔体积的测定

一、实验目的

1. 掌握用比重瓶测定溶液密度的方法。

2. 掌握截距法测定偏摩尔体积的原理和实验方法。

3. 测定指定浓度乙醇水溶液中各组分的偏摩尔体积。

二、预习要求

1. 了解多组分体系中偏摩尔量的概念及物理意义。
2. 熟悉恒温槽和电子天平的调节操作方法。

三、实验原理

在一定的温度和压力下，某一组分 B 纯态时的摩尔体积 $V_{m,B}^*$ 与其在一定浓度下多组分系统中的偏摩尔体积 V_B 是不同的。$V_{m,B}^*$ 只涉及 B 分子本身之间的作用力，而 V_B 则不仅涉及 B 分子本身之间的作用力，还有 B 与 A 分子之间以及 A 分子之间的作用力，而且这三种作用力对溶液总体积的影响将随溶液浓度而变化。定量的描述这些分子间的相互作用力是十分困难的，在大多数情况下，可简单地用 $V_{m,B}^*$ 和 V_B 进行比较，以作定性的说明。偏摩尔体积的物理意义可从两个方面理解，一是在温度、压力及溶液浓度一定的情况下，在一定量的溶液中加入极少量的 B 时，系统体积的改变量与所加入 B 的物质的量之比；二是一定温度、压力及溶液浓度的情况下，往无限大的系统中（可以看做其浓度不变）加入 1mol B 所引起溶液体积的改变，实际是一个偏微商的概念。

在多组分体系中，某组分 B 的偏摩尔体积定义可表示为：

$$V_B = \left(\frac{\partial V}{\partial n_B}\right)_{T,P,n_A(A \neq B)} \tag{1}$$

若是由 A、B 组成的二组分体系，根据偏摩尔量的集合公式，系统总体积可表示为：

$$V_{总} = n_A V_A + n_B V_B \tag{2}$$

将式（2）两边同除以溶液质量 m

$$\frac{V}{m} = \frac{m_A}{M_A} \cdot \frac{V_A}{m} + \frac{m_B}{M_B} \cdot \frac{V_B}{m} \tag{3}$$

令

$$\frac{V}{m} = \alpha, \quad \frac{V_A}{M_A} = \beta_A, \quad \frac{V_B}{M_B} = \beta_B \tag{4}$$

式中，α 是溶液的比容（即密度的倒数）。将式（4）代入式（3）可得

$$\alpha = w_A \beta_A + w_B \beta_B = (1 - w_B)\beta_A + w_B \beta_B = w_A \beta_A + (1 - w_A)\beta_B \tag{5}$$

将式（5）对 w_B 微分：$\quad \dfrac{\partial \alpha}{\partial w_B} = -\beta_A + \beta_B \quad$ 即 $\quad \beta_B = \beta_A + \dfrac{\partial \alpha}{\partial w_B} \tag{6}$

将式（6）代入式（5），整理得

$$\alpha = \beta_A + w_B \cdot \frac{\partial \alpha}{\partial w_B} \tag{7}$$

$$\alpha = \beta_B - w_A \cdot \frac{\partial \alpha}{\partial w_B} \tag{8}$$

所以，实验求出不同浓度溶液的比容 α，作 α-w_B 关系图，得曲线 AB（见图 1）。如欲求某浓度溶液中各组分的偏摩尔体积，可在此点（M 点）作切线 CD，此切线在两边的截距 CE 和 DF 即为 β_A 和 β_B，再由关系式（4）就可求出 V_B 和 V_A。

四、仪器与试剂

AL204 型电子天平一台（公用）

HH-501 型超级恒温水浴（数显）一台

25mL 比重瓶 1 个

50mL 磨口三角瓶 6 个

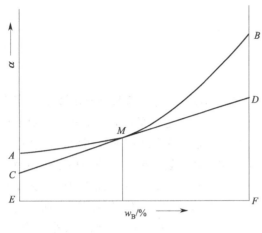

图 1 比容-质量分数浓度关系图

图 2 比重瓶

50mL 烧杯 2 个

胶头滴管 2 支

无水乙醇（A.R.）

五、实验步骤

1. 调节超级恒温水浴温度为（25.0±0.1）℃。

2. 配制溶液

在磨口三角瓶中以无水乙醇及蒸馏水为原液，用电子天平称重，配制含乙醇质量分数 20％、40％、60％、80％的乙醇水溶液（按实际配制浓度填入表 1 中），另外准备 0％和 100％的乙醇溶液，每份溶液的总质量控制在 40g 左右。配好后盖紧塞子，以防挥发。

3. 比重瓶体积的标定

将比重瓶（见图 2）洗净烘干，用电子天平精确称其质量，然后盛满蒸馏水，塞紧带有毛细管的磨口塞，置于恒温槽中恒温，注意槽内的水面不要没过比重瓶的磨口处。比重瓶内液体由瓶塞的毛细孔逸出，约 10min 后取出，用滤纸迅速吸去毛细管口的液体并将比重瓶表面水滴擦干，立即准确称重，平行测量两次。即测得 25℃时比重瓶装有的水重。

4. 不同浓度溶液比容的测定

将比重瓶的蒸馏水倒出，先用待测乙醇水溶液润洗两次（毛细管也要润洗），然后装入溶液，同样按浓度从低到高的顺序测定在 25℃时不同浓度溶液的质量 $m_{溶液}$。

六、实验数据记录与处理

1. 数据记录（见表 1）

表 1　数据记录

室温_____　大气压_____

乙醇质量分数 $w_{乙醇}$	0					100％
溶液的质量 $m_{溶液}$						
溶液的比容 α						

2. 数据处理

① 根据 25℃时水的密度（附录表 11）和称重结果，求出比重瓶的容积。

② 计算实验条件下各浓度溶液的比容。

③ 以比容为纵轴、乙醇的质量分数为横轴作曲线，并在 35％乙醇处作切线与两侧纵轴相交，即可求得 $\beta_{乙醇}$ 和 $\beta_水$。

④ 求算含乙醇 35％的溶液中乙醇和水的偏摩尔体积。

七、注意事项

1. 拿比重瓶时应手持其颈部，不要拿瓶子的其他部位，当手的温度高时，会使瓶中的水溶液膨胀溢出。

2. 恒温过程中应密切注意毛细管出口液面，如因挥发毛细管内液柱下降，可及时滴加被测溶液。

3. 比重瓶装填液体时，应注满比重瓶，轻轻塞上塞子，让瓶内液体经由塞子毛细管溢出，实验过程中比重瓶和毛细管里始终要充满液体，不得留有气泡，比重瓶外如沾有溶液，务必擦干。

4. 本实验在取乙醇时应注意避免挥发损失，动作要敏捷，以减少误差。

八、思考题

1. 使用比重瓶应注意哪些问题？

2. 如何使用比重瓶测量粒状固体物的密度？

3. 比重瓶内或毛细管中有气泡对实验结果产生什么影响？

九、讨论

密度（ρ）是物质的基本特性常数，其单位为 kg/m³。它可用于鉴定化合物纯度和区别组成相似而密度不同的化合物。常用的方法有以下几种。

（1）落滴法　此法对于测定很少液体的密度特别有用，准确度比较高，可用来测定溶液中浓度的微小变化，在医院中可用于测定血液组成的改变，在同位素重水分析中是一很有用的方法。它的缺点是液滴滴下来的介质难以选择，因此影响它的应用范围。

（2）比重天平法　比重天平有一个标准体积及质量一定的测锤，浸没于液体之中获得浮力而使横梁失去平衡。然后在横梁的 V 形槽里置相应质量的砝码，使横梁恢复平衡，从而能迅速测得液体的密度。

（3）比重计法　市售的成套比重计是在一定温度下标度的，根据液体相对密度的大小，选择一支比重计，在比重计所示的温度下插入待测液体中，从液面处的刻度可以直接读出该液体的相对密度。比重计测定液体的相对密度操作简单，方便，但不够精确。

（4）比重瓶法　取一洁净干燥的比重瓶，在分析天平上称重为 m_0，然后用已知密度为 ρ_1 的液体（一般为蒸馏水）充满比重瓶，盖上带有毛细管的磨口塞，置于恒温槽恒温 10min 后，用滤纸吸去塞子上毛细管口溢出的液体，取出小瓶擦干外壁，再称重得 m_1。

同样，按上述方法测定待测液体的质量 m_2，然后用下式计算待测液体的密度。

$$\rho = \frac{m_2 - m_0}{m_1 - m_0} \cdot \rho_1 \tag{9}$$

对固体密度的测定也可用比重瓶法。其方法是首先称出空比重瓶的质量为 m_0，再向瓶内注入已知密度 ρ 的液体（该液体不能溶解待测固体，但能润湿待测固体），盖上瓶塞。置于恒温槽中恒温 10min，用滤纸小心吸去比重瓶塞上毛细管口溢出的液体，取出比重瓶擦干，称其质量为 m_1。倒去液体，吹干比重瓶，将待测固体放入瓶内，恒温后称得质量为 m_2。然后向瓶内注入一定量上述已知密度 ρ 的液体。将瓶放在真空干燥器内，用油泵抽气约 3～5min，使吸附在固体表面的空气全部抽走，再往瓶中注入上述液体，并充满。将瓶放入恒温槽，然后称得质量为 m_3，则固体的密度可由式(10) 计算：

$$\rho_s = \frac{m_2 - m_0}{(m_1 - m_0) - (m_3 - m_2)} \cdot \rho \tag{10}$$

附：HH-501 型超级恒温水浴（数显）

一、使用说明

1. 往水箱注入适量的洁净自来水。

2. 将控温旋钮调到最低（从左向右调节温度逐渐增大）。

3. 将本机电源插头插入电源插座内，打开电源开关。

4. 将控制小开关置于"设定"段，此时显示屏显示的温度为设定的温度，调节旋钮，设置到所需实验温度即可（设定的实验温度应高于环境温度，此时机器开始加热，黄色指示灯亮，否则机器不工作）。

5. 将控制部分小开关置于"测量"端，此时显示屏显示的温度为水箱内水的实际温度，随着水温的变化，显示的数字也会相应变化。

6. 当加热到所需的温度时，加热会自动停止，绿色指示灯亮。当水箱内的热量散发，低于所设定的温度时，又会开始加热。

7. 如发现水温不均匀，可打开搅拌功能，慢慢调节搅拌旋钮，让箱内的水温一致。

8. 工作完毕，将温控旋钮置于最小值，切断电源。

9. 如所需温度低于环境温度时，可将循环泵进出口用皮管接入冰容器中，也可以外加与超级恒温器相同之电动泵一只，将冰水通过仪器右侧两只铜接头引入紫铜蛇形冷凝管内或直接引入恒温槽内，同时在引进冰水的橡皮管上加管子夹一只，控制冰水流量。此时，电加热器开关应关闭。

二、注意事项

1. 使用时外壳应妥善接地，以免发生意外。

2. 严禁各种溶液进入控制室内，以免损坏主机。

3. 严禁水箱内无水加热，以免烧坏加热管。加热管至少应低于水面 5cm。当工作室内水蒸发，水位低于最低线位时，应及时加入适量的水。

4. 循环水泵必须潜入水中，方能工作。

5. 本机在高温使用时，人体不要直接接触仪器的上部，以免烫伤。

6. 若水浴锅较长时间不使用，应将水箱中的水排尽，并用软布擦净、晾干。

7. 机器严禁在长时间无人的情况下使用，以防水箱内蒸发干后，导致加热管爆裂。

实验五 平衡常数和分配系数的测定

一、实验目的

1. 掌握测定反应 $KI + I_2 \rightleftharpoons KI_3$ 的平衡常数及碘在四氯化碳和水中分配系数的原理。

2. 熟练掌握测定平衡常数和分配系数的操作技术。

二、预习要求

1. 理解分配系数和平衡常数的测定原理。

2. 了解测定平衡常数和分配系数的操作技术。

三、实验原理

1. 分配系数测定原理

在一定温度、压力下，由 Nernst 分配定律可知："在恒温恒压下，某物质溶解在共存的两互不相溶的液体里，达到平衡时，该物质在两相中的浓度之比为定值"。

水和四氯化碳是完全不互溶的，加入少量碘，则碘同时溶于水和四氯化碳中，达到平衡后，在恒温恒压下，碘在水和四氯化碳中浓度的比值是一常数，它不随加入碘的浓度而改变。即

$$K_d = a'/a \tag{1}$$

式中　K_d——分配系数；

　　a——碘在水层中的浓度；

　　a'——碘在四氯化碳层中的浓度。

K_d 与温度及溶剂性质有关，而与溶剂及溶质的绝对量无关。水层和四氯化碳层中的碘用硫代硫酸钠滴定的反应式为：

$$2Na_2S_2O_3 + I_2 = Na_2S_4O_6 + 2NaI \tag{I}$$

由所消耗的硫代硫酸钠的量就可计算出分配系数。

2. 平衡常数测定原理

在恒温恒压下，碘溶于碘化物（如 KI）溶液中，主要生成 I_3^-，碘和碘离子在水溶液中建立如下平衡：

$$I^- + I_2 = I_3^- \tag{II}$$

为了测定该反应的平衡常数，应在不扰动平衡条件下测出平衡时各物质的浓度。在本实验中，当上述平衡条件达到时，若用 $Na_2S_2O_3$ 标准液滴定溶液中的 I_2，则因随着 I_2 的消耗，反应平衡将向左端移动，使 KI_3 继续分解，因而最终测出的 I_2 量实际上是溶液中 I_2 和 I_3^- 的总量。那么怎样才能测定水溶液中 I_2 的含量呢？为了解决这个问题，可在上述溶液中加入四氯化碳，把 I_2 的水溶液和 I_2 的四氯化碳溶液混合，经过充分振荡（KI 和 KI_3 不溶于 CCl_4），在一定温度和压力下同时建立相平衡和化学平衡（I^- 和 I_3^- 不溶于 CCl_4，而 KI 溶液中的 I_2 不仅与水层中的 I^- 和 I_3^- 达成平衡，而且与 CCl_4 中的 I_2 也建立了平衡）。测得四氯化碳层中的 I_2 的浓度，即可根据分配系数求得水层中 I_2 的浓度。

如图 1 所示，设水层中 I_3^- 和 I_2 的总浓度为 b，I^- 的初始浓度为 c，四氯化碳层中 I_2 的浓度为 a'，在水层及四氯化碳层的分配系数为 K_d。实验测得分配系数 K_d 及四氯化碳中 I_2 的浓度 a' 后，则根据式（1）即可求得水层 I_2 的浓度 a，再由已知 c 及测得的 b 根据其平衡时的计量关系算出水层中达到平衡时各组分平衡浓度，即可算出碘和碘离子反应的平衡常数 K_c。

$$K_c = \frac{[KI_3]}{[KI][I_2]} = \frac{b-a}{[c-(b-a)]a} \tag{2}$$

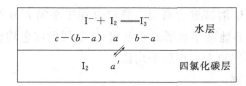

图 1　I_2 在水层中的反应及在水层和四氯化碳层中的分配同时达到平衡

四、仪器与试剂

76-1 型恒温玻璃水浴一套

250mL 碘量瓶 2 个

250mL 锥形瓶 4 个

50mL 移液管 2 支

10mL 移液管 1 支

5mL 移液管 2 支

100mL、50mL、25mL、10mL 量筒各 1 支

碱式滴定管 2 支

0.01mol/L $Na_2S_2O_3$ 溶液

0.1mol/L KI 溶液

0.02mol/L I_2 的 CCl_4 溶液

1% 淀粉溶液

五、实验步骤

1. 将恒温槽恒温至 25℃（注：如果室温高于 25℃，应控制恒温槽温度稍高于室温）。

2. 取两个 250mL 碘量瓶，标上号码，用量筒按表 1 所列数据，将溶液配于碘量瓶中。配好混合液后用瓶盖塞好瓶口。

表 1　实验体系组成

碘量瓶编号		I	II
混合液组成/mL	H_2O	200	0
	I_2 的 CCl_4 溶液	25	25
	KI 溶液	0	100
	CCl_4	0	0
分析取样体积/mL	CCl_4 层	5	5
	H_2O 层	50	10

3. 将配好的溶液充分振荡 10min 后，置于 25℃ 的恒温槽内，每隔 10min 充分振荡一次，使反应充分地平衡。约经 1h 后按表 1 数据取样进行分析。

4. 分析水层时，按表 1 用移液管量取水层溶液于锥形瓶中（可以一个同学拿洗耳球吸，另一个同学控制移液管插入的深度），再加入 2mL 淀粉溶液作指示剂，用 $Na_2S_2O_3$ 溶液仔细滴至蓝色恰好消失，平行滴定三次取平均值。

5. 分析 CCl_4 层时，用洗耳球使移液管尖端鼓泡通过水层进入 CCl_4 层中，吸取 5mL CCl_4 溶液放入锥形瓶中。先加入 10mL 左右的蒸馏水，使 CCl_4 层的 I_2 转移到水中去，为增快 CCl_4 层中的 I_2 进入水层，可加入适量 KI。当水层呈现淡黄色时，加入 2mL 的淀粉指示剂，呈现蓝色再用 $Na_2S_2O_3$ 溶液进行滴定，滴定过程中必须充分振荡，以使四氯化碳层中的 I_2 进入水层被滴定。细心地滴至水层的蓝色和 CCl_4 层的红色均消失，停止滴定，记下消耗 $Na_2S_2O_3$ 溶液的量。平行滴定三次取平均值。

六、实验数据记录数据处理

1. 数据记录（见表 2）

表 2 数据记录　　　　　　　　水浴温度＿＿＿＿＿＿＿℃

			Ⅰ号碘量瓶	Ⅱ号碘量瓶
滴定消耗 $Na_2S_2O_3$ 标准溶液体积 V/mL	CCl_4 层	V_1		
		V_2		
		V_3		
		$V_{平均}$		
	H_2O 层	V_1		
		V_2		
		V_3		
		$V_{平均}$		
分配系数和平衡常数			K_d	K_c

2. 由Ⅰ号瓶中水层和 CCl_4 层消耗的 $Na_2S_2O_3$ 的量，计算出 25℃时 I_2 在 CCl_4 层和水层的分配系数 K_d。

3. 由Ⅱ号瓶中水层和 CCl_4 层消耗的 $Na_2S_2O_3$ 的量及分配系数的值，计算出 25℃时反应（Ⅰ）的平衡常数 K_c。

七、注意事项

1. 由于所用的 KI 溶液浓度很稀，溶液中离子的影响很小，因此可用碘在 CCl_4 和纯水中的分配系数代替碘在 CCl_4 和 KI 溶液中的分配系数。

2. 移液管一定要是干燥的。用移液管取样时，碘量瓶还应置于恒温水槽中，保持溶液恒温。以免造成实验数据的误差。

3. 碘量瓶在恒温期间应经常振荡，每个样品至少要振荡 5 次，如果取出水浴外振荡，每次不要超过半分钟，以免温度改变，影响结果。最后一次振荡后，须将附在水层表面的 CCl_4 振荡下去，待两液层充分分离后，才可吸取样品进行分析。

4. 在取 CCl_4 层溶液时，由于水层在上面，所以在移液管通过水层时，应用洗耳球向移液管内鼓入空气，以防水进入移液管。

5. 在滴定 CCl_4 层中的碘时，因为 I_2 只有在水中才能与 $Na_2S_2O_3$ 发生化学反应，所以滴定过程中必须充分振荡。

6. 滴定后的 CCl_4 层溶液，以及实验完成时碘量瓶剩余的溶液要倒入指定的回收瓶中。不允许倒入水池，以免造成污染。

八、思考题

1. 测定平衡常数及分配系数为什么要恒温？

2. 测定四氯化碳层中碘的浓度时应注意哪些问题？

3. 本实验是如何求算碘和碘离子反应的平衡常数的？

九、讨论

1. 化学平衡问题涉及一个化学反应进行的方向和限度，平衡时的温度、压力、组成之间的定量关系，平衡常数的大小代表了一定条件下化学平衡的限度大小，这些问题的研究对工业生产上改变条件来控制反应方向，改变反应限度，提高产率都有着十分重要的实际意义。

2. 分配定律是萃取的理论基础，萃取作为一种分离手段有着广泛的应用。用萃取的方法可提取溶液中有用的物质或除去废物，例如在矿物中稀有金属的提取，工业上含苯酚废水的处理等方面均已得到了应用。

3. 本实验过程中会产生较多含碘的水及四氯化碳废液。目前，含碘废液的处理较多采用离子交换法、氧化还原法等，结合本实验实际情况，可讨论较合理的提纯碘和四氯化碳的实验路线。

注：76-1 型恒温玻璃水浴使用方法见本书第二部分实验二。

实验六　完全互溶双液系气-液平衡相图的测定

一、实验目的

1. 掌握双组分液体的沸点及正常沸点的测定方法。

2. 用沸点仪绘制大气压下环己烷-乙醇的气液平衡相图，并找出恒沸混合物的组成及恒沸点的温度。

3. 了解阿贝折射仪的工作原理，熟练掌握液体折射率的测量方法。

二、预习要求

1. 复习相律和相图的概念，了解绘制完全互溶双液系气-液平衡相图的原理。

2. 熟悉沸点的定义，初步了解测定双组分液体沸点的方法。

3. 了解如何用折射率确定二元液体的组成。

三、实验原理

在压力保持一定时，完全互溶的双液系 t-x 图可分为三类：①理想液体混合物或接近理想液体混合物的双液系，其液体混合物的沸点介于两纯物质沸点之间，见图 1(a)；②各组分蒸气压对拉乌尔定律具有最大负偏差，其溶液有最高恒沸点，见图 1(b)；③各组分蒸气压对拉乌尔定律具有最大正偏差，其溶液有最低恒沸点，见图 1(c)。第②、③两类溶液在最高或最低恒沸点时的气液两相组成相同，加热蒸发的结果只使气相总量增加，气-液相组成及溶液沸点保持不变，这时的温度称为恒沸点，相应的组成称为恒沸组成。第①类混合物可用一般精馏法分离出这两种纯物质，第②、③类混合物用一般精馏方法只能分离出一种纯物质和另一种恒沸混合物。

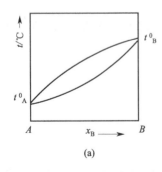
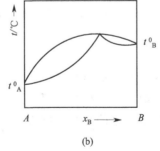
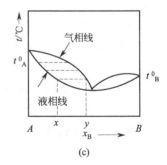

图 1　完全互溶双液系的 t-x 图

单组分液体在一定的外压下沸点为一定值，把两种完全互溶的挥发性液体（组分 A 和 B）混合后，若该二组分的蒸气压不同，则在一定的温度下，平衡共存的气、液两相组成通常并不相同。因此，在恒压下将溶液蒸馏，测定馏出物（气相）和蒸馏液（液相）的组成，就能找出平衡时气、液两相的成分并绘出 t-x 图。本实验选择环己烷-乙醇体系，在大气压下测定一系列不同组成的混合溶液的沸点及在沸点时呈平衡的气液两相的组成,绘制 t-x 图,并从相图中确定恒沸点的温度和组成。平衡时气-液两相组成的分析,可使用阿贝折射率仪测定,因为溶液的折射率与组成有关。为了求出相应的组成,必须先测定已知组成的溶液的折射率,作出折射率对组成的工作曲线,在此曲线上即可查得对应于样品折射率的组成。阿贝折射仪的使用见附。

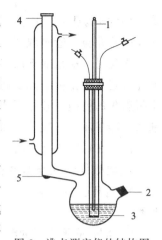

图 2 沸点测定仪的结构图
1—温度计;2—加料口;
3—加热丝;4—气相冷凝液
取样口;5—球形小室

测定沸点的装置叫沸点测定仪(图 2)。这是一个带回流冷凝管的长颈圆底烧瓶。冷凝管底部有一半球形小室,用以收集冷凝下来的气相样品。电流通过浸入溶液中的电阻丝。这样可以减少溶液沸腾时的过热现象,防止暴沸。测定时,温度计水银球要一半插在液面下,一半在气相中,以便准确测出平衡温度。

四、仪器与试剂

BM-2WAJ 型阿贝折射仪一台

调压变压器一台

电吹风一个

沸点测定仪 1 支

吸液管(干燥)长短各 1 支

精密温度计(50~100℃、1/10℃)1 支

1~9 号环己烷-乙醇混合液

环己烷组成 0%、20%、40%、60%、80%、100%的环己烷-乙醇标准混合液

环己烷(A.R.)、乙醇(A.R.)、丙酮(A.R.)

五、实验步骤

1. 工作曲线的绘制

在室温下分别测定纯液体环己烷和乙醇以及环己烷-乙醇标准混合液的折射率,重复2~3次。以折射率为纵坐标,以组成为横坐标作图,即为工作曲线。

2. 沸点-组成数据的测定

(1)将干燥的沸点仪安装好,检查带有温度计的橡皮塞是否塞紧。加热用的电阻丝要尽量靠近底部中心,温度计的底部不能接触电阻丝,而且每次更换溶液后,要保证测定条件尽量平行(包括温度计和电阻丝的相对位置)。

(2)纯环己烷、乙醇沸点测定 在沸点仪中加入纯乙醇 25mL 左右,盖好瓶塞,使电热丝完全浸没在液体中,安装好温度计,使水银球的一半浸在液面下,一半露在蒸气中。先打开冷凝水,再通电加热。缓慢调节变压器,由零开始逐渐加大电压至 10~15V 之间。当液体沸腾后,再调节电压和冷却水流量,使蒸气在冷凝管中的回流高度为 2cm 左右。待温度恒定后,再维持3~5min,以使体系达到平衡。记下该温度值并停止加热。样品倒回原试剂瓶,用电吹风将蒸馏瓶吹干,纯环己烷的沸点测定步骤与此相同。

(3)1~9 号环己烷-乙醇混合体系的沸点、液相和气相的组成测定 在沸点仪中加入 25mL 左右的 1 号样品,先通冷却水,再接通电源,调节电压至 10~15V 之间。加热溶液至沸腾。当液体沸腾后,注意调节电压和冷却水流量,使蒸气在冷凝管中的回流高度为 2cm 左右。沸腾一段时间,待其温度计上所指示的温度保持恒定,在这个过程中,应及时将冷凝

管下面的半球形小室中的气相冷凝液倾入蒸馏瓶中。记下沸点并停止加热。在冷凝管上口插入长的干燥吸液管吸取球形小室的全部气相冷凝液，迅速测其折射率。用擦镜纸将棱镜擦干，再用另一根短的干燥吸液管，从蒸馏瓶的加料口吸出约 1mL 的液体迅速测其折射率。迅速测定是防止由于挥发而改变成分。取样分析后，吸管不能倒置。每次测量折射率后，要将折射仪的棱镜打开晾干或用擦镜纸将镜面擦干以备下次测定用。将沸点仪中溶液倒回原试剂瓶，蒸馏瓶不必吹干。以后可按上述操作方法依次倒入 2～9 号样品进行测定。

注意在每次取样之前，必须用电吹风将冷凝管底部半球形小室以及长短吸液管烤干。

六、实验数据记录与数据处理

1. 将环己烷-乙醇标准溶液组成与对应的折射率填入表 1 中，并作组成-折射率工作曲线。

2. 将气-液平衡时的沸点以及所测折射率和对应的气相、液相组成数据列入表 2 中。

3. 作环己烷-乙醇体系的 t-x 图，求出最低恒沸点及相应的恒沸混合物的组成。

表 1　环己烷-乙醇标准溶液组成与对应的折射率　室温_____　大气压_____

环己烷组成	0	20%	40%	60%	80%	100%
折射率 $n_{D,1}$						
折射率 $n_{D,2}$						
平均						

表 2　气-液两相平衡时的沸点及所测得的折射率和对应的气相、液相组成

序号	沸点 t/℃	液相		气相	
		折射率 n_D	环己烷/%	折射率 n_D	环己烷/%
环己烷					
乙醇					
1					
2					
3					
4					
5					
6					
7					
8					
9					

七、注意事项

1. 电阻丝不能露出液面，一定要被待测液体完全浸没，否则通电加热会引起有机液体燃烧。本实验所用电阻丝通过电流不能太大，只要能使待测液体沸腾即可，电流过大会引起待测液体（有机化合物）的燃烧或烧断电阻丝。

2. 一定要使体系达到气液平衡，即温度计读数恒定不变。

3. 只能在停止通电加热后才能取样分析。

4. 使用阿贝折射仪时，应先用丙酮将棱镜镜面清洁、晾干。棱镜上不能触及硬物（如滴管），擦棱镜时需用擦镜纸。

5. 实验过程中必须在冷凝管中通入冷却水，以使气相全部冷凝。

6. 在使用阿贝折射仪读取数据时，特别要注意在测定气相冷凝液与液相试样之间一定要用擦镜纸将镜面擦干。

八、思考题

1. 如何判断气液已达平衡状态？

2. 作组成-折射率工作曲线的目的是什么？

3. 试估计哪些因素是本实验误差的主要来源？

九、讨论

1. 具有最低恒沸点的双液体系很多，如环己烷-异丙醇体系、苯-乙醇体系以及本实验的环己烷-乙醇体系。上述体系中苯-乙醇体系可以精确绘制出 t-x 图。其余体系液相线较为平坦，t-x 图欠佳，但苯有毒，故未选用。

2. 蒸馏气体到达冷凝管前，常会有部分沸点较高的组分被冷凝，因而所测得气相成分可能并不代表真正的气相成分，为减小由此引入的误差，蒸馏器中的支管位置不宜太高，沸腾液体的液面与支管上球形小室间的距离不应过远，最好在仪器外再加棉套之类的保温层，以减少蒸气先行冷凝。

3. 本实验中水银温度计大部分是在蒸馏器内部，露出器外的部分较少，故对温度计的露茎校正可忽略。

4. 如果已知溶液的密度与组成的关系曲线，也可以由测定密度来定出其组成。但这种方法往往需较多的溶液量，而且费时，而使用测定折射率的方法简便且液体用量少，但它要求组成体系的两组分的折射率有一定差值。

附：BM-2WAJ 型阿贝折射仪的使用方法

1. 用擦镜纸将镜面擦干，取样管垂直向下将样品滴加在镜面上，并迅速将进光棱镜盖上，用手轮锁紧，要求液层均匀，充满视场，无气泡。

2. 打开遮光板，合上反射镜。

3. 轻轻旋转目镜，使十字线成像清晰。

4. 旋转折射率刻度调节手轮，在目镜中找到明暗分界线的位置。

5. 旋转消色散手轮，使目镜中明暗分界线不带任何彩色，出现半明半暗面（半阴视场）。

6. 再微调折射率刻度调节手轮，使分界线处在十字相交点。

7. 在目镜视野下方标尺上读取样品的折射率（注意应读取标尺示值下半部数据，上半部数值为蔗糖溶液含糖量浓度的百分数）。

实验七 三组分液-液相图（氯仿-醋酸-水）的绘制

一、实验目的

1. 掌握相律和用三角形坐标表示三组分相图的方法。

2. 用溶解度法绘制具有一对共轭溶液的三组分系统的相图。

二、预习要求

1. 理解氯仿-醋酸-水三元相图的绘制原理。

2. 熟悉三角形坐标的浓度表示法。

3. 熟悉共轭溶液的取样及浓度分析方法。

三、实验原理

根据相律，对于一个三组分体系 $K=3$，在恒温恒压条件下，体系条件自由度 $f=3-\Phi$，Φ 为体系的相数。当 $\Phi=1$ 时，最大条件自由度 $f_{max}=3-1=2$，即最多有两个浓度变量，只要用平面图就可表示体系的状态，称为三元相图。通常用等边三角形坐标表示，见图 1 所示。等边三角形的顶点各代表三个纯组分；三角形三条边 AB、BC、CA 分别代表 A 和 B、B 和 C、C 和 A 所组成的二组分的组成；而三角形内任何一点表示三组分的组成。

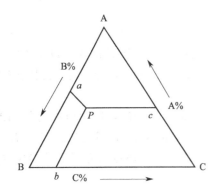
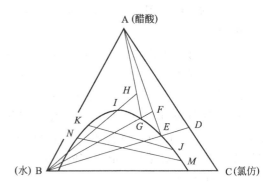

图 1　等边三角形法表示三元相图　　　　图 2　共轭溶液的三元相图

例如，图 1 中的 P 点，其组成可表示如下：经 P 点作平行于三角形三边的直线，并交三边于 a、b、c 三点。若将三边均分成 100 等分，则 P 点的 A、B、C 组成分别为：A(%)=Ba，B(%)=Cb，C(%)=Ac。

三组分相图一般可分为两盐-水三组分系统、部分互溶三组分系统两类。在部分互溶三组分系统中，A、B、C 三种液体可以两两组成三个液对：A-B、B-C、C-A。其中共轭的三组分体系即两个液对完全互溶，一个液对部分互溶的系统如图 2 所示。图中两对液体 AB 及 AC 完全互溶，而另一对 BC 则部分互溶。$NKIGEJM$ 是互溶度曲线，互溶度曲线下面是两相区，上面是单相区。当两相共存并且达到平衡时，将两相分离，测得两相的成分，然后用直线连接这两点可得连接线，图中 MN、JK 即是连接线。此类相图对于确定各区的萃取条件是极为重要的。在本实验中，水和氯仿的互溶度很小，而醋酸却与水和氯仿互溶，在水和氯仿组成的两相混合物中加入醋酸，能增大水和氯仿之间的互溶度，醋酸增多，互溶度增大。当加入醋酸达到某一定数量时，水和氯仿能完全互溶。这时原来两相组成的混合体系由浑变清，成为均相。使两相体系变成均相所需的醋酸量，取决于原来混合物中水和氯仿的比例。同样，把水加到氯仿和醋酸组成的均相混合物中时，当水达到一定的数量，原来的均相体系要分成水相和氯仿相的两相混合物，体系由清变浑。使体系变成两相所加水的量，由氯仿和醋酸混合物的起始成分决定。因此利用体系在相变化时的浑浊和清亮现象的出现，可以判断体系中各组分间互溶度的大小。一般由清变到浑，肉眼较易分辨。所以，本实验采用由均相样品加入第三种物质变成两相的方法，测定两相间的相互溶解度。其绘制方法是先在一定比例混合成的氯仿和醋酸的均相溶液中滴加另一组分水，如图 2 所示，物系点沿 DB 线移动，直至溶液有浑浊的"油珠"出现，即为 E 点，然后加入醋酸，物系点则沿 EA 上升至 F 点而变清。如再滴加水，则物系点又沿 FB 移动，当移至 G 点时溶液又再次变浑。再滴加醋酸使之变清……如此往复，最后连接 E、G、I 等点即可得到溶解度曲线。

四、仪器与试剂

100mL 具塞锥形瓶 2 只

25mL 具塞锥形瓶 4 只

100mL 锥形瓶 2 只

50mL 酸式滴定管 1 支

50mL 碱式滴定管 1 支

2mL 移液管 4 支

5mL 刻度移液管 2 支

10mL 刻度移液管 1 支

冰醋酸（A. R.）、氯仿（A. R.）

标准 NaOH 溶液（0.2mol/L）、酚酞指示剂

五、实验步骤

1. 互溶度曲线的测定

在洁净的酸式滴定管内装水，用移液管移取 1mL 醋酸及 6mL 氯仿于洁净干燥的 100mL 锥形瓶中，慢慢滴加水，同时不停摇动，至溶液由清变浑，即为终点，记下水的体积，再向此瓶中加入 2mL 醋酸，体系又成均相，再用水滴定至终点，然后同法依次加入 3.5mL、6.5mL 醋酸，分别用水滴至终点，记录每次各组分的用量。最后再加入 40mL 水，使体系分成两相。塞好瓶塞并每间隔 5min 摇动一次，30min 后用此溶液来测定连接线。

另取一洁净干燥的 100mL 锥形瓶，用移液管加入 3mL 醋酸及 1mL 氯仿，用水滴至终点，以后依次加入 2mL、5mL、6mL 醋酸，分别用水滴定至终点，并记录每次各组分的用量。最后再加入 5mL 醋酸和 9mL 氯仿，使体系分成两相，塞好瓶塞并每间隔 5min 摇动一次，30min 后用此溶液来测定另一条连接线。

2. 连接线的测定

上面所得的两份溶液，经半小时后，待两层液分清，用干燥清洁的移液管分别吸取上、下层液各 2mL，放入已称重的 4 个 25mL 锥形瓶中，再称其质量，然后用水洗入 100mL 洁净锥形瓶中，以酚酞为指示剂，用 0.2mol/L 标准氢氧化钠溶液滴定各层溶液中醋酸的含量。

六、实验数据记录与处理

1. 实验数据记录（见表 1）

表 1　溶解度曲线测定数据记录　　实验温度：_____，大气压：_____

序号	醋酸		氯仿		水		合计	w/%		
	V/mL	m/g	V/mL	m/g	V/mL	m/g	m/g	醋酸	苯	水
1	1		6							
	3		6							
	6.5		6							
	13		6							
	13		6		+40					
2	3		1							
	5		1							
	10		1							
	16		1							
	21		10							

表 2　连接线绘制数据记录　　　　　　　　　$c_{NaOH} = $ _____

溶　　液		溶液质量 m/g	V_{NaOH}/mL	醋酸含量 $w/\%$
I	上层			
	下层			
II	上层			
	下层			

2. 从附录中查得实验温度时氯仿、醋酸（附录中表 12）和水（附录中表 11）的密度，根据实验数据计算两瓶中最后醋酸、氯仿、水的质量分数，标在三角形坐标纸上，将这些点连接成一光滑的曲线即为溶解度曲线。标明由曲线分割开的各相区的意义。

3. 计算两瓶中醋酸、氯仿、水的质量分数，标在三角形坐标纸上，即得相应的物系点。由所取各相的质量及由 NaOH 滴定所得的数据，求出醋酸在各相内的质量分数，画在三角相图的互溶度曲线上。水层内的醋酸含量画于含水成分多的一边，氯仿层内的醋酸含量画于含氯仿成分多的另一边。联结两个成平衡的液层的组成点，即为连接线。该连接线应通过物系点。

七、注意事项

1. 此实验由于有水参加，故所用装氯仿和醋酸的容器都必须干燥。

2. 在滴加水的过程中需一滴滴地加入，特别是醋酸含量比较少时，更应特别注意。且需不停地摇动锥形瓶，特别是接近终点时要多加振荡。如体系出现浑浊在 $2\sim3min$ 内仍不消失，即到终点。

3. 采用酸式滴定管时，注意手指应该将活塞往左推，不要用手心挤活塞，以防滴定过程中活塞漏水。

4. 在实验过程中注意防止或尽可能减少氯仿和醋酸的挥发，测定连接线时取样要迅速。

5. 采用移液管取下层液体时，可采用洗耳球吹气法。即在轻轻吹气的同时使移液管插入下层液体，这样可防止上层液体进入移液管中。

6. 用水滴定如超过终点，可加入 1mL 醋酸，使体系由浑变清，再用水继续滴定。

八、思考题

1. 为什么根据体系由清变浑的现象即可判断相界？

2. 如连接线不通过物系点，其原因可能是什么？

3. 本实验中根据什么原理求出氯仿-醋酸-水体系的连接线？

九、讨论

1. 该相图的另一种测绘方法是：在两相区内以任一比例将此三种液体混合置于一定的温度下，使之平衡，然后分析互成平衡的两共轭相的组成，在三角形坐标纸上标出这些点，并连成线。但此法较为繁琐。

2. 含有两固体（盐）和一液体（水）的三组分体系相图的绘制常用湿渣法。原理是平衡的固、液分离后，其滤渣总带有部分液体（饱和溶液），但它的总组成必定是在饱和溶液和纯固相组成的连接线上。因此，在定温下配制一系列不同相对比例的过饱和溶液，然后过滤，分别分析溶液和滤渣的组成，并把它们一一连成直线，这些直线的交点即为纯固相的成分，由此亦可知该固体是纯物还是复盐。

实验八　电导法测定难溶盐的溶度积及弱电解质的电离平衡常数

一、实验目的

1. 掌握溶液的电导、电导率和摩尔电导率的基本概念以及它们之间的相互关系。
2. 学会电导率仪的使用方法。
3. 掌握电导法测定难溶盐的溶度积和弱电解质的电离平衡常数的原理和方法。

二、预习要求

1. 了解溶液的电导，电导率和摩尔电导率的基本概念。
2. 了解电导率仪的使用方法。
3. 熟悉电离平衡常数与电导的关系。

三、实验原理

$PbSO_4$ 是难溶电解质，在饱和溶液中存在如下平衡：

$$PbSO_4(s) \Longleftrightarrow Pb^{2+}(aq) + SO_4^{2-}(aq)$$

$K_{sp} = c(Pb^{2+})c(SO_4^{2-}) = c^2$，（$c$ 的单位是 mol/dm^3），由于饱和溶液的浓度很低，用一般的分析方法很难精确测定。但难溶盐在水中微量溶解的部分是完全电离的，因此，常用测定其饱和溶液电导率的方法来计算其离子浓度。在溶液无限稀时，每种电解质的极限摩尔电导率是其所离解离子的极限摩尔电导率的简单加和。对于 $PbSO_4$ 饱和溶液，由于溶解度极小，可看作无限稀释的溶液，则有：

$$\Lambda_m(PbSO_4) \approx \Lambda_m^\infty(PbSO_4) = \lambda_m^\infty(SO_4^{2-}) + \lambda_m^\infty(Pb^{2+}) \tag{1}$$

由于溶液极稀，水的电导率不能忽略，故：

$$\kappa(PbSO_4) = \kappa(PbSO_4 \text{ 饱和溶液}) - \kappa(H_2O) \tag{2}$$

即溶解度 c 可表示为：

$$c = \frac{\kappa(PbSO_4)}{1000\Lambda_m(PbSO_4)} \approx \frac{\kappa(PbSO_4)}{1000\Lambda_m^\infty(PbSO_4)} \tag{3}$$

因此，只要测得电导率 $\kappa(PbSO_4)$ 值，即可求得 $PbSO_4$ 的溶解度 c，进而求出溶度积 K_{sp}。另外，习惯上溶解度的单位为 g/dm^3，以 s 表示，难溶电解质的摩尔质量为 M，单位为 g/mol，则 $s = Mc$。

对于 1-1 型弱电解质（如 HAc 等），在溶液中电离达到平衡时，电离平衡常数 K_c 与原始浓度 c 和电离度 α 有以下关系：

$$K_c = \frac{c\alpha^2}{1-\alpha} \tag{4}$$

在一定温度下 K_c 是常数，因此可以通过测定弱电解质在不同浓度时的 α 值，代入式（4）求出 K_c。对于弱电解质溶液来说，若电离度 α 比较小，电离产生的离子浓度较低，可近似有：

$$\alpha = \frac{\Lambda_m}{\Lambda_m^\infty} \tag{5}$$

Λ_m^∞ 为无限稀释时的摩尔电导率。将式（5）代入式（4）可得：

$$K_c = \frac{c\Lambda_m^2}{\Lambda_m^\infty(\Lambda_m^\infty - \Lambda_m)} \tag{6}$$

或：
$$c\Lambda_m = (\Lambda_m^\infty)^2 K_c \frac{1}{\Lambda_m} - \Lambda_m^\infty K_c \tag{7}$$

以 $c\Lambda_m$ 对 $\frac{1}{\Lambda_m}$ 作图，其直线的斜率为 $(\Lambda_m^\infty)^2 K_c$，根据 Λ_m^∞ 值，就可算出 K_c。

对于强电解质溶液，在浓度很低时其 Λ_m 和 $\sqrt{c}$ 呈线性关系，在 Λ_m-$\sqrt{c}$ 的曲线图中直线外推至 $c=0$ 处可求得 Λ_m^∞。而对于弱电解质溶液，Λ_m 和 $\sqrt{c}$ 不呈线性关系，不能像强电解质溶液那样由直线外推法得到 Λ_m^∞。但可根据柯尔劳乌施的离子独立运动定律，由其所电离离子的极限摩尔电导率的加和得到，也即可由一些相关强电解质溶液的 Λ_m^∞ 的代数和求得，如 HAc 溶液的 Λ_m^∞ 可表示为：

$$\Lambda_m^\infty(\text{HAc}) = \lambda_m^\infty(\text{H}^+) + \lambda_m^\infty(\text{Ac}^-) = \Lambda_m^\infty(\text{HCl}) + \Lambda_m^\infty(\text{NaAc}) - \Lambda_m^\infty(\text{NaCl}) \tag{8}$$

四、仪器与试剂

DDS-12A 型电导率仪一台

DJS-1 型铂黑电导电极一支

HH-501 型超级恒温水浴（数显）一台

50mL 容量瓶 4 个

25mL 移液管 4 支

100mL、250mL 锥形瓶各 2 个

洗耳球 1 个

0.2mol/L HAc 溶液

$PbSO_4$（A. R.）

重蒸馏水

五、实验步骤

1. 打开电导率仪开关，预热仪器。

2. 调节超级恒温水浴温度为 $(25.0\pm0.1)℃$。

3. $PbSO_4$ 饱和溶液制备及电导率测定。

(1) 取 80mL 重蒸馏水，恒温水浴中恒温后测定其电导率，测定时操作要迅速。

(2) 取约 1g $PbSO_4$ 固体放入 250mL 锥形瓶中，加入约 100mL 重蒸馏水，煮沸，倾掉上层清液，以除去可溶性杂质，按此法连续进行三次，再加入约 100mL 重蒸馏水，加热至沸腾使之充分溶解。然后放在恒温水浴中，恒温 20min 使固体沉淀，将上层清液放入一个干燥的 100mL 锥形瓶中，塞上橡皮塞，插入电导电极，恒温后测定饱和溶液电导率 κ（$PbSO_4$ 饱和溶液）。再更换溶液，重复测量两次，取平均值。

4. HAc 溶液电离平衡常数的测定。

用 25ml 移液管准确移取 0.2 mol/L HAc 溶液于 50mL 容量瓶中，重蒸馏水稀释至刻度，然后依次从上一容量瓶中准确移取 25mL 溶液，放入 50mL 容量瓶中，再将其稀释一倍，重复操作，将醋酸原始溶液稀释成四个不同浓度的溶液（$c/2$、$c/4$、$c/8$、$c/16$）。将待测液置于 100mL 锥形瓶中，塞上橡皮塞，插入电导电极，恒温水浴中恒温 10min，按浓度由小到大的顺序测量醋酸溶液的电导率。每个溶液电导率读数三次，取平均值。每次测定前用重蒸馏水清洗电极和锥形瓶，并用少量待测 HAc 溶液洗涤 2～3 次，最后注入待测 HAc 溶液。

5. 实验完毕，切断电源，将电极用蒸馏水洗净，浸泡在蒸馏水中保存。

六、实验数据记录与处理

1. 实验数据记录（见表 1、表 2）

表 1　数据记录（一）

大气压＝_____；实验温度＝_____；κ（重蒸馏水）＝_____；Λ_m^{∞}（$PbSO_4$，25℃）＝_____

κ（$PbSO_4$ 饱和溶液）	$\bar{\kappa}$（$PbSO_4$ 饱和溶液）	κ（盐）	c/(mol/L)	s/(g/L)

表 2　数据记录（二）

HAc 原始浓度 c＝_____；Λ_m^{∞}（HAc，25℃）＝_____

c/(mol/L)	κ/(S/m)			$\bar{\kappa}$/(S/m)	Λ_m /(S·m²/mol)	α	$c\Lambda_m$ /(S/m)	$1/\Lambda_m$ /[mol/(S·m²)]
	1	2	3					
c								
$c/2$								
$c/4$								
$c/8$								
$c/16$								

2. 由表 1 中数据，计算 $PbSO_4$ 溶度积 K_{sp}。

3. 由表 2 中数据，按公式（4）计算电离平衡常数 K_c。同时按公式（7），以 $c\Lambda_m$ 对 $1/\Lambda_m$ 作图应得一直线，直线的斜率为 $(\Lambda_m^{\infty})^2 K_c$，由此求得 K_c，并与上表结果进行比较。这一过程可以用计算机处理完成。在对实验数据做线性拟合时，可使用 Origin 软件，详见本书实验二讨论中的内容。

七、注意事项

1. 实验用水必须是重蒸馏水，其电导率应≤1×10^{-4} S/m（处理的方法是，向蒸馏水中加入少量高锰酸钾，用硬质玻璃烧瓶进行蒸馏）。电导率的测量应迅速进行，否则空气中 CO_2 溶入水中变为 CO_3^{2-}，使电导率快速增加。

2. 测量硫酸铅溶液时，一定要用沸水洗涤多次，以除去可溶性离子，减小实验误差。

3. 由于电解质溶液电导受温度影响较大，实验中温度要恒定，测量必须在同一温度下进行。稀释的重蒸馏水也需要在同一温度下恒温后使用。

4. 每次测定前，都必须将电导电极洗涤干净，电极要轻拿轻放，切勿触碰铂黑。盛待测液的容器必须清洁，没有离子污染，以免影响测定结果。

八、思考题

1. 弱电解质的电离度 α 与哪些因素有关？

2. 强、弱电解质溶液摩尔电导率与浓度的关系有什么不同？

3. 为什么要测纯水的电导率？

4. 何谓极限摩尔电导率，弱电解质的极限摩尔电导率是如何得到的？

九、讨论

电导测定在科研和生产上有广泛的应用。除以上两种应用外，还有例如求盐类的水解度，测定表面活性剂的临界胶束浓度，水的纯度检验，判断化合物的纯度，电导滴定分析某种物质的浓度，气体样品中碳和硫的分析等许多应用。此外，工业上利用电导信号可以实现自动控制，还可借助电导的变化测定反应速率，进行动力学方面的研究。

附：DDS-12A 数字电导率仪使用说明（上海大普仪器有限公司）

一、仪器面板说明（图1）

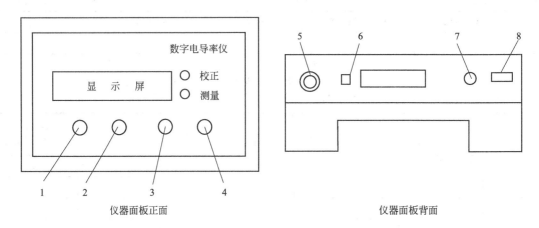

图1　DDS-12A 电导率仪示意图（上海大普仪器有限公司）

1—量程开关；2—温度补偿旋钮；3—常数校正旋钮；4—功能选择开关；

5—电导电极接口；6—记录信号输出接口；7—电源插口；8—电源开关

二、使用操作

1. 不采用温度补偿（基本法）

（1）常数校正　打开电源开关，预热一定时间，温度补偿旋钮置于"25"刻度值，此时为不进行温度补偿。将测量开关置"校正"挡，调节常数校正钮，使仪器显示电导池实际常数值，一般此常数值均标在电极相应位置上。电极是否接上，仪器量程开关在何位置，不影响常数校正。

（2）测量　选择合适规格常数电极，经电导池常数校正后，将测量开关置于"测量"挡，选用适当的量程挡，将清洁的电极插入被测液中，仪器显示该被测液在溶液温度下的电导率。当测量过程中，显示值为"1.000"时，说明测量值超出量程范围，此时，应切换"选择"开关至高一挡量程。

2. 采用温度补偿（温度补偿法）

调节温度补偿旋钮，使其指示的温度值与溶液温度相同。将仪器测量开关置于"校正"挡，调节常数校正钮，使仪器显示电导池实际数值。其电导率值为该液体标准温度（25℃）时的电导率。

说明：一般情况下，所指液体电导率是指该液体介质标准温度（25℃）时的电导率。当介质温度不在25℃时，其液体电导率会有一个变量。为等效消除这个变量，仪器设置了温度补偿功能。

仪器不采用温度补偿时，测得液体电导率为该液体在测量温度下的电导率。仪器采用温度补偿时，测得液体电导率已换算为该液体在25℃时的电导率值。

由于在温度补偿时是采用固定的温度系数补偿，这样将会产生补偿误差，所以在作高精密测量时，请尽量不采用温度补偿。而采用测量后查表或将被测液恒温在25℃时测量，以求得液体介质在25℃时的电导率值。

三、配套电极

DJS-1 型光亮铂电极，DJS-1 型铂黑电极，DJS-10 型铂黑电极。对于电导率不同的体系，应采用不同的电极。光亮铂电极用于测量电导率低于 10^{-5} S/cm 的溶液，电导率在 $10^{-5}\sim10^{-2}$ S/cm 时使用 DJS-1 型铂黑电极；电导率大于 10^{-2} S/cm 时使用 DJS-10 型铂黑电极。通常用铂黑电极，因为它的比表面积比较大，这样降低了电流密度，减少或消除了极化。但在测量低电导率溶液时，铂黑对电解质有强烈的吸附作用，出现不稳定的现象，这时宜用光亮铂电极。

注：HH-501 型超级恒温水浴（数显）使用方法见本书第二部分实验四。

实验九 电池电动势的测定与应用

一、实验目的

1. 掌握 SDC-Ⅱ精密数字电位差计操作方法，准确测定电池电动势。
2. 掌握醌氢醌电极测定溶液 pH 值的原理和方法。
3. 掌握电动势法测定离子平均活度系数的原理和方法。
4. 掌握饱和 KCl 盐桥的制备技术。

二、预习要求

1. 理解可逆电极、可逆电极电势、可逆电池电动势的意义。
2. 了解补偿法（对消法）测定电池电动势的原理和方法。
3. 初步了解 SDC-Ⅱ精密数字电位差计操作方法。

三、实验原理

凡是能使化学能转变为电能的装置都称之为电池（或原电池）。可逆电池应满足如下条件。①电池反应可逆，亦即电池电极反应可逆。②电池中不允许存在任何不可逆的液接界。③电池必须在可逆的情况下工作，即充放电过程必须在平衡态下进行，亦即允许通过电池的电流为无限小，此时两极间的电位差为最大，这一最大电位差称为电池电动势。若有电流通过，电池的平衡状态就会被破坏。因此在制备可逆电池、测定可逆电池的电动势时必须符合上述条件。

基于可逆电池需满足通过电池的电流为无限小这一要求，显然不能直接用伏特计去测量电动势。由于电池本身存在一定的内阻，伏特计所测出的只是两极上的电位降即电池的工作电压而不是电池的电动势，另外，电压表尽管内阻很大，但还不是无限大，当把它接在电池的两极间进行测量时总有一定的电流通过伏特计，由于电池放电而不断发生化学变化，电池中溶液的浓度将不断改变，从而电池电动势也会发生变化。为了在电池两极间没有电流通过的条件下测量电动势，波根多夫提出了对消法（补偿法）。此方法是利用一个外加工作电池和待测电池并联，这样工作电池和待测电池的电动势方向相反，当它们数值相等时，二者相互对消，检流计中无电流通过，这时测出的两极间的电位差为电动势。其实验原理如图 1 所示。

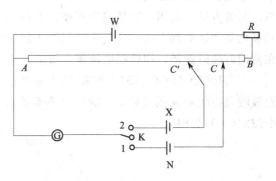

图 1 补偿法（或对消法）测定电池
电动势的实验原理图

　　W、N、X 分别为工作电池、标准电池、待测电池，AB 为均匀滑线电阻，通过可变电阻 R 与工作电池构成回路，AB 上产生均匀的电势降。G 是检流计，K 是转换开关，按图测定 E_x 的方法如下。将转换开关合在"1"的位置，工作电池经 AB 构成一个通路，在均匀电阻 AB 上产生均匀电势降。标准电池的正极经过检流计和工作电池的正极相连，负极连接到一个滑动接触点 C 上，改变滑动接触点的位置，找到 C 点，使检流计中无电流通过，则标准电池的电动势恰被 AC 段的电势差完全抵消。再将转换开关合在"2"的位置上，用同样的方法可以找出检流计无电流通过的另一点 C'，此时，AC' 段的电势差就等于待测电池电动势 E_x，因电势差与电阻线的长度成正比，故待测电池的电动势 $E_x = E_N(\overline{AC'}/\overline{AC})$（$E_N$ 为标准电池电动势，是已知的且保持恒定）。显然，用补偿法测定电池电动势有以下优点。

　　① 不需要测出线路中通过电流的数值，只要测得 $\overline{AC}$ 与 $\overline{AC'}$ 的比值即可，被测结果的准确性依赖于标准电池电动势 E_N 及 $\overline{AC}$ 和 $\overline{AC'}$ 间比值的准确性，由于标准电池及电阻制造精度都很高，保证了电阻的均匀性，故测量结果很准确。

　　② 当完全补偿时，测定与被测电路之间无电流通过，所以不消耗被测电路的能量，故被测电路的电动势不会因接入电位差计而有变化。

　　当两个不同浓度或不同性质的电解质溶液直接接触时，由于正负离子扩散速度不同将产生液接电势，由于扩散过程本身是不可逆的，并且其数值不易测定，重现性较差，故对于存在液接电势的电池，一般可以通过加入盐桥来消除液接电势的干扰。本实验所用盐桥为 U 形玻璃管，其中装满含有琼脂的饱和 KCl 水溶液，在常温下呈冻状。盐桥消除液接电势的原理为：当两个电解质溶液与盐桥接触时，溶液浓度通常远小于盐桥中饱和 KCl 水溶液的浓度，因此扩散主要由 KCl 来完成。由于 K⁺ 与 Cl⁻ 的迁移速率非常接近，在单位时间内，通过 U 形管的两个端面向外扩散的 K⁺ 与 Cl⁻ 的数目几乎相等，因此在两个接触面上所产生的液接电势大小几乎相等，而符号相反，其代数和一般约为 1～2mV，对于一般的测量工作，已可满足要求。对盐桥电解质的要求是不能与两端电极溶液发生化学反应，盐桥电解质溶液中的正、负离子的迁移速率应该极其接近，溶液浓度要高。常用的有 KCl 盐桥，也有 NH_4NO_3 盐桥或 KNO_3 盐桥。

　　电动势的测量在物理化学研究中具有重要意义，利用电池电动势数据可以计算相应化学反应的热力学性质、反应平衡常数，计算电解质溶液的活度和活度系数，确定溶液的 pH 值等。

　　(1) 测定溶液的 pH 值　测量溶液的 pH 值应该用对 H⁺ 可逆的电极，如氢电极、玻璃电极或醌氢醌电极。氢电极由于制备和维护都比较困难而不常用，玻璃电极常用在 pH 计中。本实验用醌氢醌电极测量 HAc-NaAc 缓冲溶液的 pH 值。醌氢醌电极的优点是构造简单、制备方便、耐用、容易建立平衡。其缺点是只能用在 pH<8 的环境中，而且不能有强的氧化剂和还原剂存在。空气中的氧溶于溶液中也能把醌氢醌氧化。因此，醌氢醌电极应该在使用时临时配制，用后把溶液倒入废液瓶内。醌氢醌电极和饱和甘汞电极构成电池如下：

$$\text{Hg(L)-Hg}_2\text{Cl}_2(\text{S}) | \text{饱和 KCl 溶液} \| \text{Q·QH}_2 \text{ 饱和的待测 pH 溶液} | \text{Pt(S)}$$

醌氢醌是由醌和氢醌（对苯二酚）以等摩尔比结合而成的墨绿色晶体，微溶于水，在水溶液中按式（Ⅰ）分解：

$$\tag{Ⅰ}$$

（Q·QH₂）　　（Q）　　（QH₂）

电极反应为：

$$Q+2H^{+}+2e^{-} =\!\!=\!\!= QH_2 \tag{II}$$

电极反应的能斯特方程为：

$$\varphi(Q/QH_2)=\varphi^{\ominus}(Q/QH_2)-\frac{RT}{2F}\ln\frac{a(QH_2)}{a(Q)a^2(H^+)} \tag{1}$$

取近似 $a(Q)\approx a(QH_2)$，则上式简化为：

$$\varphi(Q/QH_2)=\varphi^{\ominus}(Q/QH_2)+\frac{RT}{F}\ln a(H^+) \tag{2}$$

原电池电动势为：

$$E=\varphi_+-\varphi_-=\varphi^{\ominus}(Q/QH_2)+\frac{RT}{F}\ln a(H^+)-\varphi(Hg_2Cl_2/Hg) \tag{3}$$

$$=\varphi^{\ominus}(Q/QH_2)-\frac{2.303RT}{F}pH-\varphi(Hg_2Cl_2/Hg)$$

即：

$$pH=\frac{\varphi^{\ominus}(Q/QH_2)-\varphi(Hg_2Cl_2/Hg)-E}{2.303RT/F} \tag{4}$$

此即为用醌氢醌电极测定电解质溶液 pH 值的计算公式，只要测出原电池的电动势，就可计算出待测溶液的 pH 值。

（2）电解质溶液离子平均活度系数的测定　设计适当的电池并测定其电动势，然后利用能斯特方程就可以计算电解质溶液的平均离子活度或平均离子活度系数。

以下列电池为例

$$(-)Zn\,|\,ZnCl_2(b)\,|\,AgCl\text{-}Ag(+)$$

电池反应：

$$Zn+2AgCl \longrightarrow 2Ag+ZnCl_2(b) \tag{III}$$

原电池电动势为：

$$E=E^{\ominus}-\frac{RT}{2F}\ln a(ZnCl_2) \tag{5}$$

而：

$$a(ZnCl_2)=a(Zn^{2+})a^2(Cl^-)=a_{\pm}^3=(\gamma_{\pm}b_{\pm}/b^{\ominus})^3=4\gamma_{\pm}^3(b/b^{\ominus})^3 \tag{6}$$

则有：

$$E=E^{\ominus}-\frac{3RT}{2F}\ln 4^{1/3}\gamma_{\pm}b/b^{\ominus} \tag{7}$$

如 $E^{\ominus}$ 已知，则可由测定出的电动势 E 和 $E^{\ominus}$，求算 $\gamma_{\pm}$。如 $E^{\ominus}$ 未知，则可用下述方法求出 $E^{\ominus}$ 可将式(7) 写成：

$$E+\frac{3RT}{2F}\ln 4^{1/3}b/b^{\ominus}=E^{\ominus}-\frac{3RT}{2F}\ln\gamma_{\pm} \tag{8}$$

当 $b\rightarrow0$，则有 $\gamma_{\pm}\rightarrow1$，所以有：

$$E^{\ominus}=\lim_{b\rightarrow0}\left(E+\frac{3RT}{2F}\ln 4^{1/3}b/b^{\ominus}\right) \tag{9}$$

如以 $E+\dfrac{3RT}{2F}\ln 4^{1/3}b/b^{\ominus}$ 对 $\sqrt{b}$ 作图，外推到 $\sqrt{b}\rightarrow0$，可以得到 $E^{\ominus}=\varphi^{\ominus}_{AgCl/Ag}-\varphi^{\ominus}_{Zn^{2+}/Zn}$。这也提供了一种由电动势的测定求算标准电极电势的方法。

四、仪器与试剂

SDC-Ⅱ型数字电位差综合测定仪一台

1000W 封闭电炉一个

饱和甘汞电极、锌电极、铜电极、氯化银电极

U 形玻璃管 2 支

50mL 烧杯 5 个

250mL 烧杯 1 个

0.1 mol/L HAc＋NaAc 缓冲溶液

0.1mol/kg $ZnSO_4$ 溶液

0.1mol/kg $CuSO_4$ 溶液

饱和 KCl 溶液

琼脂（A. R.）

待测电池：

1.（－）$Zn|ZnSO_4(0.1mol/kg)\|KCl(饱和)|Hg_2Cl_2|Hg$（＋）

2.（－）$Hg|Hg_2Cl_2|KCl(饱和)\|CuSO_4(0.1mol/kg)|Cu$（＋）

3.（－）$Zn|ZnSO_4(0.1mol/kg)\|CuSO_4(0.1mol/kg)|Cu$（＋）

4.（－）$Hg|Hg_2Cl_2|KCl(饱和)\|H^+(0.1mol/L\ HAc＋NaAc),Q \cdot QH_2|Pt$（＋）

5.（－）$Zn|ZnCl_2(0.1mol/kg)|AgCl\text{-}Ag$（＋）

五、实验步骤

1. 制备饱和 KCl 盐桥

在一个 250mL 烧杯内，加入 3g 左右琼脂和 100mL 蒸馏水，在电炉上加热，直至琼脂完全溶解，加入 30g 左右的 KCl 充分搅拌，直到 KCl 完全溶解后，趁热用滴定管把此溶液装入盐桥管（U 形玻璃管）中，不要夹带气泡或留有断层，静置待琼脂凝结后即可使用，不用时将其放在饱和 KCl 溶液里存放。

2. 将仪器和 220V 的交流电源连接，开启电源，使用前应预热 3min。

3. SDC-Ⅱ型数字电位差综合测试仪（见图 2）的校验

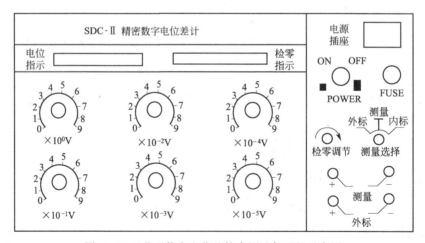

图 2　SDC-Ⅱ型数字电位差综合测试仪面板示意图

采用"内标"（仪器内自带标准电池）进行校验。首先，将"测量选择"置于"内标"位置，调节"$10^0 \sim 10^{-5}$"六个大旋钮，使"电位指示"为"1.00000"V，然后调节"检零调节"，使"检零指示"接近"0000"。应注意，在校验结束后的一个测量周期内，不得再调

节"检零调节"或碰"检零调节"旋钮，否则影响测量结果。此外，本实验也可采用"外标"进行校验。此时，首先将外接标准电池的正负极和面板"外标"正负极端子对应连接好，并将"测量选择"置于"外标"位置，调节"$10^0 \sim 10^{-5}$"六个大旋钮，使"电位指示"数值与外标电池值相同。通常标准电池电动势随温度的变化关系式为：$E_t = 1.01865 - 0.000406(T-293) - 0.00000095(T-293)^2$，按此式在实验温度下对外标电池进行温度校验，否则将影响测量精度，然后调节"检零调节"使"检零指示"达到"0000"。为方便起见，本实验统一用"内标"进行校验。

4. 甘汞-锌电池电动势的测量

(1) 金属电极预处理　金属电极处理的好坏，特别是金属表面处理的程度，直接影响到电池电动势的重复性。用清洁的水砂纸打磨金属电极，把金属片上的一层氧化物薄膜擦掉，直到表面发亮为止，再用蒸馏水冲洗干净即可。因打磨好的金属电极极易被氧化，应快速组成电池进行测试。

(2) 电池的组装和电动势的测量如图3所示，在两个 50mL 烧杯中，分别加入 0.1mol/kg 的 $ZnSO_4$ 溶液和饱和 KCl 溶液，用盐桥连接起来，插入锌电极和甘汞电极，组装成甘汞-锌电池，把这个电池的正负极与仪器面板上"测量"正负极端子对应连接好，注意正负极不要接反。并将"测量选择"置于"测量"，调节"$10^0 \sim 10^{-5}$"六个大旋钮，使"检零指示"接近

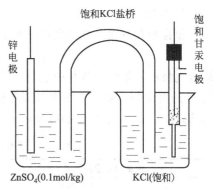

图3　甘汞-锌电池示意图

"0000"，此时，"电位指示"值即为被测电动势值，然后将"测量选择"置于"外标"位置，也即将电路断开，隔约 3min 后，再将"测量选择"置于"测量"位置，测一次电动势，按此方法若连续测量的 3 次数值不是朝一个方向变动，并且变动值 <0.5mV 可以认为它的电动势是稳定的，取 3 次连续测量的平均值作为电池的电动势。

5. 甘汞-铜电池电动势的测量

按上述方法组装甘汞-铜电池，在仪器控制面板"测量"端子处换上两个相应电极，同上述方法测量电动势。

6. 铜-锌电池电动势的测量

按相同方法组装铜-锌电池，在仪器控制面板"测量"端子处换上两个相应电极，同上述方法测量电动势。

7. 溶液 pH 值测定

取 0.1mol/L HAc+NaAc 缓冲溶液放入 50mL 烧杯中，再加入少量的醌氢醌固体粉末，摇动使之溶解，但应保持溶液中含少量固体。而后插入光铂电极。架上盐桥，与饱和甘汞电极组合成一个原电池。测其电动势。

8. 离子平均活度系数 $\gamma_\pm$ 的测定

在 50mL 烧杯中放入 0.1mol/kg $ZnCl_2$ 溶液，插入氯化银电极和锌电极，组合成一个原电池。测其电动势。

9. 浓差电池设计

根据本实验中的电极、电解质溶液等材料，设计两个双液浓差电池，两个双联浓差电池（提示：需找一个与 SO_4^{2-} 可逆的电极），并测定其中一个双液浓差电池的电动势。

六、数据处理

1. 数据记录（见表 1）。

表 1 数据记录

待测电池	电池反应式	测量值	平均值
1			
2			
3			
4			
5			

2. 数据处理和计算

根据饱和甘汞电极的电极电势温度校正式，计算实验温度下饱和甘汞电极的电极电势：

$$\varphi_{饱和甘汞}/V = 0.2412 - 7.6 \times 10^{-4}(T - 298)$$

结合电极的能斯特方程可分别计算出实验温度下铜、锌电极的电极电势，然后计算电池 1、2、3 的电动势，将计算结果与实验值相比较，求出相对误差。电解质溶液的平均活度系数 $\gamma_\pm$ 见表 2。$\varphi^\ominus(Cu^{2+}/Cu)(298K) = 0.337V$，$\varphi^\ominus(Zn^{2+}/Zn)(298K) = -0.763V$。

表 2 不同电解质溶液的平均活度系数（$T = 298K$）

电解质溶液浓度 b/(mol/kg)	$\gamma_\pm$
0.1 CuSO$_4$	0.16
0.1 ZnSO$_4$	0.15
0.01 CuSO$_4$	0.40
0.01 ZnSO$_4$	0.387

3. 由电池 4 所测电动势计算 0.1mol/L HAc 和 NaAc 缓冲溶液的 pH 值

对于此缓冲溶液，设电离平衡时 $[H^+] = x$，则有：

$$HAc \Longrightarrow H^+ + Ac^-$$
$$0.1 - x \qquad x \qquad 0.1 + x$$

根据实验温度时的醋酸电离平衡常数 $K_c = x(0.1 + x)/(0.1 - x)$，求出 x 值及溶液的 pH 值，可与电动势法所测 pH 值对比。实验温度下醌-氢醌电极的标准电极电势为：

$$\varphi^\ominus(Q/QH_2)/V = 0.6994 - 0.00074 \times (T - 298)$$

4. 由电池 5 所测电动势计算 0.1mol/kg ZnCl$_2$ 溶液的离子平均活度系数。

5. 设计浓差电池

写出所设计的浓差电池的电池表达式，电池反应式和电动势的计算公式。根据表 2 所给出的平均活度系数，结合能斯特方程计算所设计的双液浓差电池的电动势，将计算结果与实验值相比较，求出相对误差。

七、注意事项

1. 金属电极打磨后，不宜在空气中暴露时间过长，否则会使表面氧化，应尽快洗净，放入相应的溶液中，进行测量。

2. 为防止饱和甘汞电极电势数据不稳定，实验前应将饱和甘汞电极浸泡到饱和氯化钾溶液中，建立平衡，若饱和甘汞电极电势数据不准确，应及时更换饱和甘汞电极中的溶液，并在实验后及时将电极冲洗干净，然后浸泡到饱和氯化钾溶液中。

3. 电动势的测量方法属于平衡测量，在测量过程中尽可能地做到在可逆条件下进行，因此测量前可根据电化学基本知识，初步估算一下被测电池电动势的大小，以便在测量时能迅速找到平衡点，这样可以避免所测电极极化。同时，较长时间有电流通过标准电池，使两极极化，标准电池电动势也将偏离平衡值。

4. 测量完一组电池后，盐桥务必要用蒸馏水洗净并用滤纸擦干，以便继续用于下一组电池的测量。否则，容易使盐桥变质，并且影响下一组电池的测试结果。实验结束后，盐桥应用蒸馏水洗净，放入饱和 KCl 溶液中保存。

5. 表 2 中所给电解质溶液的平均活度系数 $\gamma_\pm$ 均为 298K 时的数值，故不在此温度时代入计算会带来一定的误差。

八、思考题

1. 标准电池、工作电池和参比电极各有什么作用？
2. 如果测量过程中电池极性接反了，会出现什么后果？
3. 测量双液电池的电动势时为什么要使用盐桥？选用作盐桥的物质应有什么原则？

九、讨论

电动势的测量方法，在物理化学研究工作中具有重要的实际意义，通过电池电动势的测量可以获得体系的许多热力学数据，如平衡常数、电解质活度及活度系数、离解常数、溶解度、络合常数、酸碱度以及某些热力学函数改变量等。其中，化学反应的热力学函数变化值的测定，既可用热化学方法也可用电动势法测定。由于电池电动势可以测得很准，因此电化学方法所测得数据常较热化学方法更为准确和可靠。在历史上，常用两种方法测得结果互相比较，以改进实验方法，提高实验的精确度。根据可逆电池热力学的基本公式：$\Delta_r G = -nFE$，$\Delta S = nF\left(\dfrac{\partial E}{\partial T}\right)_p$，因为 $\Delta_r H = \Delta_r G + T\Delta_r S$，从而 $\Delta_r H = -nFE + nFT\left(\dfrac{\partial E}{\partial T}\right)_p$，因此在恒压下，测定一定温度 T 时的电池电动势，可求得电池反应的 $\Delta_r G$。同时测定不同温度下的电池电动势，可以得到 $E\text{-}T$ 曲线，在此曲线上不同温度处作切线，切线的斜率即为该温度下的温度系数。当 $E\text{-}T$ 呈线性关系时，则可测定两个不同温度时的电池电动势，由 $\dfrac{\mathrm{d}E}{\mathrm{d}T} = \dfrac{\Delta E}{\Delta T}$ 得到温度系数，便可以测定电池反应的 $\Delta_r H$、$\Delta_r S$，若参与反应的反应物和生成物均处于标准状态，活度为 1，温度在 298K，则所测为 $\Delta_r G^\ominus$、$\Delta_r H^\ominus$、$\Delta_r S^\ominus$。

实验十　离子选择性电极测定自来水中的氟

一、实验目的

1. 掌握离子选择电极测定氟离子的原理及实验方法。
2. 掌握数字式酸度计（离子计）的操作技术。
3. 了解总离子强度调节缓冲溶液的意义与作用。

二、预习要求

1. 了解直接电位法的原理及实验方法。
2. 了解标准曲线法和标准加入法的实验原理。

三、实验原理

电分析化学是以溶液中物质的电化学性质及变化来进行分析的方法。电化学性质主要包括以电导、电位、电流、电量等电化学参数作为研究对象，从而找出其与被测物质含量间的关系。电位分析是在零电流条件下测定两电极间的电位差（即所构成的原电池的电动势）来确定物质浓度或含量的一类方法，是一种重要的电化学分析法，包括直接电位法和电位滴定法。直接电位法是将参比电极和离子选择性电极插入含待测离子的溶液，组成原电池，并连接电位计（如图 1 所示），通过测量电池的电动势，再根据此电动势与溶液中被测离子的活度（浓度）之间的定量关系（Nernst 方程），求得待测组分含量的方法。直接电位法常用于 pH 值和一些离子浓活度的测定。这种方法因为仪器简单、测量快速、灵敏度高、易于实现等优点而应用广泛，在工业在线检测、连续自动分析和环境监测方面有独到之处。从理论上讲，测量电池电动势，就可以得到指示电极电位，由电极电位可以计算出待测物质的活度。但实际上，所测得的电池电动势包括了液体接界电位，对测量会产生影响；指示电极测定的是活度而不是浓度，活度和浓度有较大的差别；膜电极不对称电位的存在，也限制了直接电位法的应用。因此，直接电位法不是由电池电动势计算溶液活度，而是依靠标准溶液进行测定。

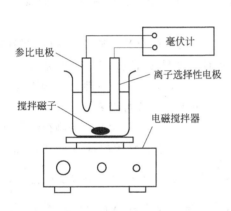

图 1　直接电位法测量示意图

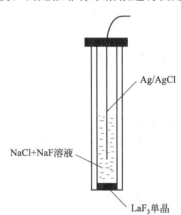

图 2　氟离子选择性电极

离子选择性电极又称膜电极，主要由膜、内参比液和内参比电极三部分组成。如常用的测定 pH 值的氢离子选择性电极，测定溶液中氟离子活度的氟离子选择性电极等。特别是后者用途更为广泛。由于氟是自然界分布较广的元素，也是人体必需的微量元素之一。氟的主要来源为饮水和食物，水中氟含量的高低对人体健康有一定影响。氟含量过高易患氟斑牙或发生氟中毒，而过低又会引起龋齿病。饮用水含氟为 0.5mg/L 左右为宜，通常超过 1.4mg/L 的水禁止使用。因此，对水中氟含量的测定具有重要意义。目前，应用氟离子选择性电极测定氟，操作简便，干扰因素少，是公认非常有效的方法。氟离子选择性电极是一种由 LaF_3 单晶制成的电化学传感器，对溶液中的氟离子具有良好的选择性，结构如图 2 所示。

氟离子选择性电极中晶体膜的响应机理一般用晶体离子传导原理及膜表面上相同离子间的扩散作用来解释。氟离子在晶体中的导电过程，是借助于晶格缺陷进行的。靠近缺陷空穴的导电离子，能够运动至空穴中：

$$LaF_3 + 空穴 \longrightarrow LaF_2^+ + F^-　　　　　　（Ⅰ）$$

由于晶体膜表面不存在离子交换作用，所以电极在使用前不需浸泡活化，其电位的产生，仅是由于溶液中的待测离子能扩散进入膜相的缺陷空穴，而膜相中晶格缺陷上的离子也能进入溶液相，因而在两相界面上建立双电层结构而在敏感膜两侧形成膜电位。对晶体膜电极的干扰，主要不是由于共存离子进入膜相参与响应，而是来自晶体表面的化学反应，即共存离子与晶格离子形成难溶盐或络合物,从而改变了膜表面的性质。对于氟电极而言,主要的干扰是 OH^-,这是由于在晶体表面存在下列化学反应:

$$LaF_3(固体) + 3OH^- \Longrightarrow La(OH)_3(固体) + 3F^- \qquad (Ⅱ)$$

实验表明,电极使用时最适宜的溶液 pH 值范围为 5.0~5.5。pH 值过低,易形成 HF 或 HF_2^-,影响 F^- 的活度;pH 值过高,易引起单晶膜中 La^{3+} 水解,形成 $La(OH)_3$,影响电极的响应。通常加入总离子强度调解缓冲液(TISAB)来进行调节,其中含有的柠檬酸盐可以控制试液的 pH 值;柠檬酸盐还能做掩蔽剂,与铁、铝等离子形成络合物以消除它们因与氟离子发生络合反应而产生的干扰;另外,TISAB 中含有大量惰性电解质,可以维持试液与标准溶液的离子强度不变。

实际测定时,氟电极与饱和甘汞电极组成的电池可以表示为:

$$Hg\text{-}Hg_2Cl_2 \mid KCl(饱和) \parallel F^- 试液 \mid LaF_3(10^{-3}\,mol/L),$$
$$NaF(10^{-1}\,mol/L), NaCl(10^{-1}\,mol/L) \mid AgCl$$

电池的电动势与氟离子活度的关系式为:

$$E = K - \frac{2.303RT}{F} \lg a(F^-)$$
$$= K - 0.0592 \lg a(F^-) \quad (T = 298K, K \text{ 为常数}) \qquad (1)$$

其中 0.0592 为 298K 时电极的理论响应斜率,其他符号具有通常意义。可以看出,离子选择性电极测定的是溶液中离子的活度,而不是浓度。如果在待测溶液中加入适量的离子强度调节剂控制测定体系的离子强度为一定值,则活度系数为一常数,离子活度可用浓度代替。电池的电动势将与氟离子浓度的对数值呈线性关系,即有:

$$E = K' - 0.0592 \lg [F^-] \quad (K' \text{ 为常数}) \qquad (2)$$

因此,通过标准曲线法作出 E 对 $\lg[F^-]$ 的标准曲线,即可由水样测得的 E,从标准曲线上求得水样中氟离子浓度。

四、仪器与试剂

pHS-2 型酸度计(毫伏计)一台

氟离子选择性电极一支

饱和甘汞电极一支

磁力搅拌器一台

1000mL 烧杯 1 个

100mL 烧杯 1 个

100mL 塑料烧杯 1 个

100mL 容量瓶 6 个

1000mL 容量瓶 1 个

$1 \times 10^{-1}\,mol/L$ 的 F^- 标准溶液

总离子强度缓冲溶液(TISAB)

五、实验步骤

1. 将氟电极和甘汞电极分别与酸度计接口相连接,开启仪器开关,预热仪器。

2. 总离子强度缓冲溶液(TISAB)的配制

于 1000mL 烧杯中加入 500mL 水和 57mL 冰醋酸,58g NaCl,12g 柠檬酸钠,搅拌至溶解。将烧杯置于冷水中,在 pH 计的监测下,缓慢滴加 6mol/L 氢氧化钠溶液,至溶液的

pH＝5.0～5.5，冷却至室温，转入 1000mL 容量瓶中，用水稀释至刻度，摇匀，转入洗净、干燥的试剂瓶中。

3．F^- 标准溶液的配制

准确移取 $1×10^{-1}$mol/L 的 F^- 标准溶液 10mL 于 100mL 容量瓶中，加入 10mL TISAB 溶液。用去离子水稀释至刻度，摇匀，得到 $1×10^{-2}$mol/L 的 F^- 标准溶液。用类似方法依次在四个 100mL 的容量瓶中逐级稀释配制 $1×10^{-3}$mol/L、$1×10^{-4}$mol/L、$1×10^{-5}$mol/L、$1×10^{-6}$mol/L 的 F^- 标准溶液。稀释时只加 9mL TISAB。

4．清洗电极

取去离子水 50～60mL 至 100mL 烧杯中，放入搅拌磁子，插入氟电极和饱和甘汞电极。开启搅拌器，使之保持较慢而稳定的转速，此时会观察到离子计示数升高。2～3mim 后，若读数小于 220mV，则更换去离子水，继续清洗，直到读数大于 260mV。

5．F^- 标准溶液的测定

将上述配制的五种不同浓度的 F^- 标准溶液，由低浓度到高浓度依次转入塑料烧杯中，插入氟电极和饱和甘汞电极，开启搅拌，待读数不变稳定 2min 后记录电动势的值。每测量一份溶液，无需清洗电极，只需用滤纸沾去电极上的水珠即可。

6．自来水样的测定

准确吸取 10mL 自来水样于 100mL 容量瓶中，加入 10mL TISAB 溶液，用去离子水稀释至刻度，摇匀。按步骤 4 用去离子水清洗电极，直至电动势值大于 $1×10^{-5}$mol/L 的 F^- 标准溶液的电动势值。按步骤 5 在与标准溶液相同条件下测定电动势。

六、实验数据记录与处理

1．将系列 F^- 离子标准溶液及待测水样所得的电动势 E 列表。

2．以测得的标准溶液的电动势 E 为纵坐标，以 $lg[F^-]$ 为横坐标，在坐标纸上绘制标准曲线（或用 Origin 软件作图，并作线性回归，得到回归方程，记录线性相关系数 R 值）。

3．从标准曲线上查出自来水试样溶液的电动势 E_x 对应的 F^- 浓度（或用回归方程计算），从而换算出水样中 F^- 浓度。由下式计算自来水中的氟含量：

$$\rho_F ＝ [F^-] ×100/10×M_F×1000$$

式中 ρ_F——F^- 的质量浓度，即每升自来水样中所含的 F^-，mg/L；

M_F——氟的原子量。

七、注意事项

1．温度的波动可以使离子活度变化而影响电位测定的准确性。在测量过程中应尽量保持温度恒定。

2．测量不同浓度试液时，应由低到高测量。

3．氟电极浸入待测液中，应使单晶膜外不要附着水泡，以免干扰读数。

4．电极敏感膜切勿用手指或尖硬的东西划碰，以免沾上油污或损坏，影响测定；实验结束后应当用去离子水反复冲洗，以延长电极使用寿命。

八、思考题

1．什么是直接电位分析法？仪器装置组成主要有哪些？

2．简述总离子强度调节缓冲溶液的组成及作用。

3．氟电极在使用时应注意哪些问题？

4．本实验中与电极响应的是氟离子的活度还是浓度？为什么？

九、讨论

1. 本实验采用标准曲线法测定 F^- 含量。此方法的优点是可测范围广，适合批量样品分析，即使电极响应不完全服从 Nernst 方程，也可得到满意结果。实验中要求标准溶液的组成与试液组成相近，保证实验温度、离子强度以及电极条件恒定。另外，也可采用标准加入法进行测定。其实验原理为：

设待测试液体积为 V_0，浓度为 c_x，测得电池电动势为 E_1，由 Nernst 方程：

$$E_1 = K_1 \pm \frac{RT}{nF} \ln c_x \tag{3}$$

往试液中准确加入体积为 V_s（约为 V_0 的 $1/100$）的标准溶液，浓度为 c_s（约为 c_x 的 100 倍）。由于 $V_0 \gg V_s$，溶液体积基本不变。$V_0 + V_s \approx V_0$，再测得电动势为 E_2，则 E_2 可表示为：

$$E_2 = K_2 \pm \frac{RT}{nF} \ln \left(\frac{V_0 c_x}{V_0 + V_s} + \frac{V_s c_s}{V_0 + V_s} \right) \tag{4}$$

令

$$\Delta E = |E_2 - E_1|, S = \frac{2.303RT}{nF}, \Delta c = \frac{V_s c_s}{V_0 + V_s} \approx \frac{V_s c_s}{V_0} \tag{5}$$

实验条件保持不变，则 $K_1 = K_2$，可求得 c_x 的表达式为：

$$c_x = \Delta c (10^{\Delta E/S} - 1)^{-1} \tag{6}$$

式中，Δc 为加入标准溶液后待测离子浓度的增加量。

Gran 作图法又称连续标准加入法，与上述单次标准加入法相类似，只是多次加入含待测组分的标准溶液。每加一次就测量一次电池电动势 E 值，并计算每次加入标准溶液后的 $(V_0 + V_s) \times 10^{-E/S}$ 值，然后以其为纵坐标，以 V_s 为横坐标作图。将所得直线延长，得出其与横坐标轴的交点 V_e，则可由下式计算待测组分的浓度：

$$c_x = -\frac{c_s V_e}{V_0} \tag{7}$$

由于 Gran 作图法是通过多次测量电位值进行求算待测组分浓度，提高了测定准确度，尤其是对于含量较低的试样，加入标准溶液后，欲测组分浓度增加，于是在较高浓度进行电位测量，电极易于达到平衡，测得的电位较稳定，因而实验的重现性也较好。

标准加入法和 Gran 作图法都是在有其他组分共存的情况下进行测量的，因此实际上减免了共存组分的影响，所以这两种方法都适合于成分不明或组成复杂试样的测定。

2. 电动势测定误差对直接电位法的影响

由 Nernst 方程：

$$E = K \pm \frac{RT}{nF} \ln c \tag{8}$$

可得：

$$dE = \pm \frac{RT}{nF} \times \frac{1}{c} dc, \frac{\Delta c}{c} = \pm \frac{nF}{RT} \times \Delta E = 39n \Delta E, (T = 298K) \tag{9}$$

即在 298K 时，当电动势测定的误差为 1mV 时，对一价离子所带来的相对误差为 3.9%，二价离子为 7.8%。故电位分析多用于测定 F^-、Cl^-、Br^- 等低价离子。

实验十一　界面移动法测定离子的迁移数

一、实验目的

1. 掌握界面移动法测定离子迁移数的基本原理和方法。

2. 用界面移动法测定 HCl 水溶液中离子迁移数。

3. 观察在电场作用下离子的迁移现象。

二、预习要求

1. 加深对迁移数基本概念的理解。

2. 了解电解的一般原理。

三、实验原理

原电池或电解池有电流通过时，导体中的电子或离子在电场的作用下都做定向移动。在电解质溶液中，电流的传导是通过离子的定向移动完成的。阴离子向阳极移动，阳离子向阴极移动，同时在电极与溶液接触的界面上分别发生得失电子的氧化还原反应。整个电流在溶液中的传导是由阴阳离子共同承担的。由于阴阳离子移动的速率不同，所带电荷不等，因此它们在迁移电量时所承担分数也不同。假定两种离子传递的电量分别为 Q_+ 和 Q_-，则通过的总电量为 $Q = Q_+ + Q_-$。每种离子传递的电量与总电量之比，称为离子迁移数，对阳离子 $t_+ = Q_+/Q$，对阴离子 $t_- = Q_-/Q$，$t_- + t_+ = 1$。若溶液中正负离子不止一种，则任一离子迁移数可表示为：$t_i = Q_i/Q$，$\sum t_i = 1$。一般仅含一种电解质的溶液，浓度改变使离子间的作用强度改变，离子迁移数也发生变化。如在较浓的溶液中，离子相互引力较大，正负离子的迁移速率均减慢。若正负离子的价数相同，则所受的影响也大致相同，迁移数的变化不大。若价数不同，则价数大的离子的迁移数减小比较明显。温度改变对离子的迁移也有影响。一般当温度升高时，正负离子的速率均加快，两者的迁移数趋于相等。而外加电压大小一般不影响迁移数。

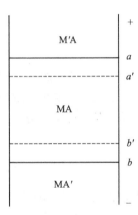

图 1　界面移动示意图

离子的迁移数有多种测定方法，如希托夫法、电动势法、界面移动法等，其中界面移动法是一种比较简便的常用方法。它是由测定离子的迁移速率以确定离子迁移数，有两种实验方法，一种是用两个指示离子，造成两个界面；另一种是用一种指示离子，只有一个界面。前一种的测量原理是在一个垂直的管子中有 M′A、MA、MA′三种溶液，其中 MA 为被测的一对离子，M′A、MA′为指示溶液，如图 1 所示。为了防止因重力作用将三种溶液互相混合，把密度大的放在下面。为使界面保持清晰，M′的迁移速率应比 M 小，A′的迁移速率应比 A 小。图 1 中的界面 b 向阳极移动，界面 a 向阴极移动。如果在通电后的某一时刻，a 移至 a′，b 移至 b′，距离 aa′、bb′ 与 M$^+$、A$^-$ 的迁移速率有关，若溶液是均匀的，ab 间的电位梯度是均匀的，则：

$$\frac{aa'}{bb'} = \frac{V_+}{V_-} \tag{1}$$

正、负离子的迁移数可用以下两式表示

$$t_+ = \frac{V_+}{V_+ + V_-} = \frac{aa'}{aa' + bb'} \tag{2}$$

$$t_- = \frac{V_-}{V_+ + V_-} = \frac{bb'}{aa' + bb'} \tag{3}$$

式中　t_+、t_-——正、负离子迁移数；

　　　V_+、V_-——正、负离子迁移的体积。

测定 bb'、bb' 即可求出 t_+、t_-。

后一种方法是使用一种指示剂溶液，只观察一个界面的移动，求算离子迁移数。本实验采用此方法，以镉离子作为指示离子，测某浓度的盐酸溶液中氢离子的迁移数。实验装置如图 2 所示，在一截面均匀有刻度的垂直迁移管中放入加有甲基橙的 HCl 溶液，下端放 Cd 棒作阳极，上端放铂丝作阴极。

欲使界面保持清晰，必须使界面上、下电解质不相混合，这可以通过选择合适的指示离子在通电情况下达到。$CdCl_2$ 溶液能满足这个要求，因为 Cd^{2+} 电迁移率（U）较小，即：

$$U(Cd^{2+}) < U(H^+) \tag{4}$$

在图 2 所示的实验装置中，通电时，H^+ 通过界面向上迁移，放出氢气，Cl^- 通过界面向下迁移。在 Cd 阳极上 Cd 氧化，进入溶液生成 $CdCl_2$ 逐渐顶替 HCl 溶液，甲基橙在中性的 $CdCl_2$ 溶液中呈橙色，在上面酸性 HCl 溶液中呈红色，从而可以清楚地观察到界面。由于溶液要保持电中性，且任一截面都不会中断传递电流，H^+ 迁移走后的区域，Cd^{2+} 紧紧地跟上，离子的移动速率 r 是相等的，即：

$$r_{Cd^{2+}} = r_{H^+} \tag{5}$$

由此可得：

$$U_{Cd^{2+}} \frac{dE'}{dl} = U_{H^+} \frac{dE}{dl} \tag{6}$$

结合式（4），得：

$$dE'/dl > dE/dl \tag{7}$$

即在 $CdCl_2$ 溶液中电位梯度是较大的。因此，若 H^+ 因扩散作用进入 $CdCl_2$ 溶液层，它就不仅比 Cd^{2+} 迁移得快，而且比界面上的 H^+ 也要快，则 H^+ 将被赶回到 HCl 层。同样，若任何 Cd^{2+} 进入低电位梯度的 HCl 溶液，它就要减速，一直到它们重又落后于 H^+ 为止，这样界面在通电过程中始终保持清晰。H^+ 向上迁移的平均速率等于界面向上移动的速率，在通电时间 t 内，界面从图 2 中 1—1 处移动到 2—2 处，扫过的体积为 V，H^+ 运输电荷的数量为在该体积中 H^+ 带电的总数，则 H^+ 的迁移数可表示为：

$$t_{H^+} = \frac{cVF}{It} = \frac{cAlF}{It} \tag{8}$$

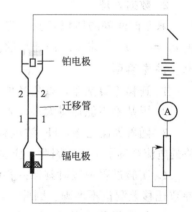

图 2　界面移动法测离子迁移数的装置

式中　c——H^+ 的浓度；

$\quad\quad F$——法拉第常数；

$\quad\quad I$——电流强度；

$\quad\quad A$——迁移管横截面积；

$\quad\quad l$——界面移动的距离。

四、仪器与试剂

迁移数测定仪一套（迁移管、铂电极、镉电极）

直流稳压电源一台

直流毫安表一块

可变电阻器一台

电子秒表一块

　　100 mL 烧杯 1 个

　　0.1mol/L HCl 溶液

　　0.1%甲基橙指示剂

五、实验步骤

　　1. 取少量的 HCl 溶液清洗迁移管 2～3 次。再取适量已加入甲基橙指示剂的 HCl 溶液加入迁移管中（两者体积比为 HCl 溶液：甲基橙指示剂＝100：5）。

　　2. 按图装好仪器。经检查后接通电源。调节电阻使毫安表稳定在 3mA 左右。直至实验完毕（注意：高压直流电危险！）。

　　3. 通电一段时间后（约 20min），在迁移管下部就会形成一个清晰的界面，且渐渐向上移动。当界面移动到某一可清晰观测的刻度时，打开秒表开始计时。此后，每当界面移动 2mm，记下相应的时间以及电流值，直到界面移动 2cm。若在实验过程中出现界面不清晰的现象应停止实验。

　　4. 实验完毕，切断电源，放出迁移管中的溶液，用蒸馏水冲洗干净，然后在迁移管中充满蒸馏水。

六、实验数据记录与处理

　　1. 数据记录（见表 1）

表 1　数据记录

室温：_____　HCl 溶液浓度：_____

迁移时间 t/s							
通电电流 I/A							

　　2. 数据处理

　　取不同间隔的体积 V 及对应的通电电流 I，根据公式(8)，分别求得 t_{H^+}，取平均值。并由 $t_- = 1 - t_+$，求 Cl^- 的迁移数。

七、注意事项

　　1. 迁移管要洗净，以免其他离子干扰。同时，迁移管内溶液中不能有气泡。

　　2. 甲基橙不能加得太多，否则会影响 HCl 溶液浓度。

　　3. 随着界面上移，H^+ 浓度减小，Cd^{2+} 浓度增加，迁移管内溶液电阻不断增大，整个回路的电流会逐渐下降。因此，应注意在实验过程中随时调节可变电阻 R，使电流 I 保持定值。

　　4. 实验过程中应时刻保持移动界面的清晰程度。若界面不清晰，则迁移体积测量不准，导致迁移数测量不准确。因此，实验过程中应避免桌面振动。

　　5. 为获得稳定的界面，防止管内两层液体间对流、扩散，电流不宜过高，应控制在 3mA 左右。

八、思考题

　　1. 迁移数有哪些测定方法？各有什么特点？

　　2. 迁移数与哪些因素有关？本实验关键何在？应注意什么？

　　3. 测量某一电解质离子迁移数时，指示离子（本实验中为镉离子）应如何选择？指示剂应如何选择？

　　4. 为什么在迁移过程中会得到一个稳定界面？为什么界面移动速度就是 H^+ 移动速度？

　　5. 实验过程中电流值为什么会逐渐减小？

九、讨论

1. 离子的迁移数与离子的迁移速度有关，而后者与溶液中的电位梯度有关。为了比较离子的迁移速度，引入离子电迁移率的概念。它的物理意义为：当溶液中电位梯度为 1V/m 时的离子迁移速度，用 U_+、U_- 表示，单位为 $m^2/(V \cdot s)$。通过离子迁移数的测定，用式(9) 可求得 H^+ 的电迁移率：

$$U_{H^+} = \frac{t_{H^+} \Lambda_m}{F} \tag{9}$$

式中　Λ_m——一定温度下溶液的摩尔电导率，$S \cdot m^2/mol$。

2. 测定离子迁移数除界面移动法外，还有希脱夫法。它根据电解前后在两电极区由于离子迁移与电极反应导致极区溶液浓度的变化进行测定。此法适用面较广，但要配置库仑计及繁多的溶液浓度分析工作。希托夫法测定离子的迁移数至少包括两个假定：①电的输送者只是电解质的离子，溶剂水不导电，这一点与实际情况接近；②不考虑离子水化现象。实际上正、负离子所带水量不一定相同，因此电极区电解质浓度的改变，部分是由于水迁移所引起的，这种不考虑离子水化现象所测得的迁移数称为希托夫迁移数。

实验十二　过氧化氢的催化分解

一、实验目的

1. 测定 H_2O_2 分解反应的速率系数、半衰期和活化能。
2. 熟悉一级反应的特点，了解温度和催化剂等因素对一级反应的影响。
3. 掌握作图法求一级反应速率常数的方法。

二、预习要求

1. 了解物理法研究反应动力学的原理和应用。
2. 了解使用量气法研究过氧化氢分解反应的原理。

三、实验原理

过氧化氢水溶液在室温下，没有催化剂存在时也能分解，但分解速度很慢。但加入含有 I^- 的催化剂时能使分解速度大大加快，反应式为：

$$2H_2O_2 \longrightarrow 2H_2O + O_2 \tag{I}$$

在催化剂 KI 作用下，H_2O_2 分解反应的机理为：

$$H_2O_2 + KI \longrightarrow KIO + H_2O(慢) \tag{II}$$

$$KIO \longrightarrow KI + 1/2O_2(快) \tag{III}$$

KI 与 H_2O_2 生成了中间产物 KIO，改变了反应的机理，使反应的活化能降低，反应加快。由于第一步的反应速率比第二步慢得多，所以整个分解反应的速率取决于第一步，称为决速步骤。因此，H_2O_2 分解反应速率可表示为：

$$-\frac{d[H_2O_2]}{dt} = k^*[H_2O_2][KI] \tag{1}$$

KI 作为催化剂在反应中不断再生，其浓度保持不变，则式(1) 可简化为：

$$-\frac{d[H_2O_2]}{dt} = k[H_2O_2] \tag{2}$$

其中，$k = k^*[KI]$，称为表观反应速率常数。由式(2) 看出，H_2O_2 催化分解反应速率

与 H_2O_2 浓度的一次方成正比，为一级反应，积分式得(2)：

$$\ln \frac{c_0}{c} = kt \tag{3}$$

式中 c_0——H_2O_2 的初始浓度；

c——t 时刻 H_2O_2 的浓度。

半衰期 $t_{1/2}$ 可表示为：

$$t_{1/2} = \frac{\ln 2}{k} = \frac{0.693}{k} \tag{4}$$

在物理化学中往往采用物理的方法来测定系统某组分的浓度进而研究反应的速率，所谓物理的方法是利用反应系统某组分或各组分的某些物理性质（如体积、压力、电动势、折射率、旋光度等）与浓度有确定的单值函数关系的特征，通过测量系统中该物理性质的变化，间接测量浓度变化。物理法的最大优点是可以跟踪系统某组分或各组分的物理性质的变化，而不需要终止反应，便可以随时测定某一时刻反应系统某组分或各组分的浓度。本实验通过测定 H_2O_2 分解时放出 O_2 的体积来求反应速率常数。在等温等压条件下，在 H_2O_2 的分解反应中，氧气体积增长速率反映了 H_2O_2 的分解速率，通过测定不同时刻放出的氧气的体积，可间接地求出 H_2O_2 在相应时刻的浓度。令 V_∞ 表示 H_2O_2 全部分解放出的 O_2 的体积；V_t 表示反应至 t 时刻放出的 O_2 的体积；则从 $2H_2O_2 \longrightarrow 2H_2O + O_2$ 中可看出在一定温度、一定压力下反应所产生 O_2 的体积 V_t 与消耗掉的 H_2O_2 浓度成正比，完全分解时放出 O_2 的体积 V_∞ 与 H_2O_2 溶液初始浓度 c_0 成正比，其比例常数为定值，则 $c_0 \propto V_\infty$、$c \propto (V_\infty - V_t)$，代入式(3) 得：

$$\ln \frac{V_\infty}{V_\infty - V_t} = kt \tag{5}$$

可改写为：

$$\ln \frac{V_\infty - V_t}{[V]} = -kt + \ln \frac{V_\infty}{[V]} \tag{6}$$

式中 $[V]$ 为体积 V 的量纲。以 $\ln \dfrac{V_\infty - V_t}{[V]}$ 对 t 作图，得一直线，从斜率即可求出反应速率常数 k。

四、仪器与试剂

78-1 型电磁搅拌器一台

玻璃皂膜流量计一支

电子秒表一块

100mL 锥形瓶 1 只

5mL 移液管 2 支

10mL 小塑料杯 1 只

活塞 1 个

胶管若干

0.1mol/L KI 溶液

3% H_2O_2 溶液（新鲜配制）

五、实验步骤

1. 皂膜流量计使用前压出皂膜润湿管内壁，以防止实验过程中皂膜破裂。按图 1 装好实验装置。

2. 在一洗净烘干的锥形瓶内加入 0.1mol/L 的 KI 溶液 5mL 和蒸馏水 5mL，另外移取 3％的 H_2O_2 溶液 5mL 于小塑料杯中，用镊子将小塑料杯轻轻立于锥形瓶中，放入搅拌子，塞紧塞子，关闭阀门，在流量计管下部压出皂膜备用，记录皂膜的起始位置 H_0。

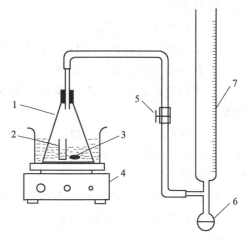

3. 打开磁力搅拌器，将锥形瓶中的塑料瓶摇倒，并调节转速恒定。同时开启秒表，将阀门打开，使放出的氧气进入皂膜流量计。每隔 2min 记录皂膜到达的位置 H_t，共 8～12 次。则 $V_t = H_t - H_0$。

图 1　H_2O_2 分解测定实验装置

1—锥形瓶；2—小塑料瓶；3—搅拌子；
4—磁力搅拌器；5—阀门；6—乳胶滴头
（内盛肥皂水）；7—皂膜流量计

4. 至锥形瓶中无小气泡产生，皂膜位置不再变化时可认为分解反应基本完成，记下皂膜位置即为 H_∞，则 $V_\infty = H_\infty - H_0$。

六、实验数据记录与处理

1. 数据记录（表 1）

表 1　t、H_t、V_t、$(V_\infty - V_t)$ 和 $\ln(V_\infty - V_t)$ 的数据

室温：_____；大气压_____；V_∞：_____

t/min	H_t/mL	V_t/mL	$(V_\infty - V_t)$/mL	$\ln(V_\infty - V_t)$/mL

2. 数据处理

① 以 $\ln(V_\infty - V_t)$ 对 t 作图，由直线的斜率计算反应速率常数 k（作图求斜率时，取氧气析出 15％～85％之间的点）。这一过程可以用计算机处理完成。在对实验数据做线性拟合时，可使用 Origin 软件。详见本书实验二讨论中的内容。

② 计算 H_2O_2 分解反应的半衰期。

七、注意事项

1. 反应前 H_2O_2 与 KI 不要接触。

2. 本实验反应较快，实验前必须做好充分预习，弄清各实验步骤，以免慌忙操作。

3. 秒表读数必须连续，切勿中途停表。

4. 搅拌速度适中，每次实验的搅拌速度尽量一致。开始反应后，不能随意调节搅拌速度。

5. 皂膜流量计必须垂直放置。管内壁必须保持清洁，测量前应润湿管的内壁。在测定时，管内只允许有一个皂膜通过。

八、思考题

1. H_2O_2 和 KI 溶液的初始浓度对实验结果是否有影响？应根据什么条件选择它们？

2. 反应速度常数与哪些因素有关？

九、讨论

本实验不测 V_∞ 也可求取速率常数。

将式(5) 变形为：

$$V_\infty - V_t = V_\infty e^{-kt} \tag{7}$$

将上式对时间 t 求导数得：

$$\frac{\mathrm{d}V_t}{\mathrm{d}t} = kV_\infty e^{-kt} \tag{8}$$

再取对数得：

$$\ln \frac{\mathrm{d}V_t}{\mathrm{d}t} = \ln kV_\infty - kt \tag{9}$$

显然，以 $\ln \dfrac{\mathrm{d}V_t}{\mathrm{d}t}$ 对 t 作图得一直线，由直线的斜率即可求得 k。具体做法是：将测得的 V_t-t 数据作图并进行圆滑处理，在圆滑后的曲线上用镜像法求不同时刻 t 时的 $\dfrac{\mathrm{d}V_t}{\mathrm{d}t}$ 值，有了 $\dfrac{\mathrm{d}V_t}{\mathrm{d}t}$ 数据，即可按本法获取速率常数。$\dfrac{\mathrm{d}V_t}{\mathrm{d}t}$ 值也可按等面积图解微分法在圆滑曲线上取值获得。

附：皂膜流量计

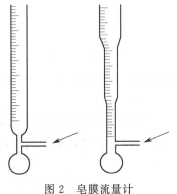

图 2 皂膜流量计

皂膜流量计是一种构造简单、使用方便的测气体流量的仪器。图 2 是常用的两种皂膜流量计。

它是由下部带有支管的刻度透明玻璃管和橡皮球组成的。球内装有肥皂水，当用手按压橡皮球时，肥皂水溢至支管处。气体通过肥皂水鼓泡，形成一个薄膜并随气体上移。用秒表记下流过玻璃管的体积，即可得到流量。显然，它与测定时的气体温度有关，故应记录温度，同时应注意易溶于水的气体不适于测定。亦有直径变化的皂膜流量计，可测定不同流速范围的气体流量。如果没有专用皂膜流量计，可用量气管或滴定管代替，但都应标定。

实验十三　蔗糖水解反应速率常数的测定

一、实验目的

1. 掌握用自动旋光仪测定蔗糖在酸催化下水解的反应速率常数和半衰期。
2. 了解该反应的反应物和产物的浓度与其旋光度之间的关系。
3. 了解旋光仪的工作原理，掌握旋光仪的正确使用方法。

二、预习要求

1. 了解蔗糖的水解反应为何可以称为准一级反应。
2. 了解旋光仪的工作原理及使用方法。
3. 了解反应中 α_∞ 的测定方法。

三、实验原理

蔗糖在水中转化成葡萄糖与果糖，其反应为：

$$\underset{\text{(蔗糖)}}{C_{12}H_{22}O_{11}} + H_2O \xrightarrow{H^+} \underset{\text{(葡萄糖)}}{C_6H_{12}O_6} + \underset{\text{(果糖)}}{C_6H_{12}O_6} \qquad (\text{I})$$

此反应属于二级反应，在纯水中此反应速度极慢，通常需要在 H^+ 催化作用下进行。其反应速率与蔗糖、水以及催化剂 H^+ 的浓度有关。由于本反应中水作为溶剂，其量远大于蔗糖，尽管有部分水分子参与反应，但在整个反应过程中水的变化很小，仍可近似地认为本反应前后水的量是恒定的，而且催化剂 H^+ 的浓度反应前后是不变的。因此，蔗糖转化反应可看作为准一级反应。

反应速率只与某反应物浓度成正比的反应称为一级反应。其速率方程可由式(1) 表示：

$$-\frac{\mathrm{d}c}{\mathrm{d}t} = kc \qquad (1)$$

式中　c——时间 t 时的反应物浓度；

　　　k——反应速率常数。

积分后可得：

$$\ln c = -kt + \ln c_0 \qquad (2)$$

c_0 为反应开始时反应物浓度。

反应速率还可以用半衰期 $t_{1/2}$ 来表示，即反应物浓度为反应开始浓度一半时所需要的时间。若 c_0 为时间 t 的浓度，x 为在 t 时间内反应物已反应掉的浓度，在 t 时间其反应速率根据式 $-\dfrac{\mathrm{d}c}{\mathrm{d}t} = kc$，得：

$$-\frac{\mathrm{d}(c_0 - x)}{\mathrm{d}t} = k(c_0 - x) \qquad (3)$$

积分后，可得：

$$\ln \frac{c_0}{c_0 - x} = kt, \quad t = \frac{1}{k}\ln \frac{c_0}{c_0 - x} \qquad (4)$$

当 $x = \dfrac{1}{2}c_0$ 时，反应的半衰期即为：$t_{1/2} = \dfrac{\ln 2}{k} = \dfrac{0.693}{k}$ 　(5)

从式(5) 中我们不难看出，在不同时间测定反应物的相应浓度，是可以求出反应速率常数 k 的。然而，反应是在不断进行的，要快速分析出反应物的浓度是困难的。测定反应物在不同时刻浓度可用化学法和物理法，本实验采用物理法即测定反应系统旋光度的变化。蔗糖及其转化产物，都具有旋光性，而且它们的旋光能力不同，故可以利用体系在反应进程中旋光度的变化来度量反应进程。

所谓旋光度，指一束偏振光，通过有旋光性物质的溶液时，使偏振光振动面旋转某一角度的性质。其旋转角度称为旋光度 α。使偏振光按顺时针方向旋转的物质称为右旋物质，α 为正值，反之称为左旋物质，α 为负值。

测量物质旋光度所用的仪器称为旋光仪。溶液的旋光度与溶液中所含旋光物质的旋光能力、溶剂性质、溶液浓度、样品管长度及温度等均有关系。当其他条件均固定时，旋光度 α 与反应物浓度 c 呈线性关系，即

$$\alpha = Kc \tag{6}$$

式中，比例常数 K 与物质旋光能力、溶剂性质、样品管长度、温度等有关。

物质的旋光能力用比旋光度来度量，比旋光度用式（7）表示：

$$[\alpha]_D^{20} = \frac{100\alpha}{lc_A} \tag{7}$$

式中　20——实验时温度为 20℃；

D——钠灯光源 D 线的波长（即 589nm）；

α——测得的旋光度，(°)；

l——样品管长度，dm；

c_A——被测物质的浓度，g/100mL。

作为反应物的蔗糖是右旋性物质，其比旋光度 $[\alpha]_D^{20} = 66.6°$；生成物中葡萄糖也是右旋性物质，其比旋光度 $[\alpha]_D^{20} = 52.5°$，但果糖是左旋性物质，其比旋光度 $[\alpha]_D^{20} = -91.9°$。由于生成物中果糖的左旋性比葡萄糖右旋性大，所以生成物呈左旋性质。因此随着反应的进行，体系的右旋角不断减小，反应至某一瞬间，体系的旋光度可恰好等于零，而后就变成左旋，直至蔗糖完全转化，这时左旋角达到最大值 α_∞。

设最初系统的旋光度为　　　　$\alpha_0 = K_{反} c_{A,0}$　　（$t=0$，蔗糖尚未水解）　　(8)

最终系统的旋光度为　　　　$\alpha_\infty = K_{生} c_{A,0}$　　（$t=\infty$，蔗糖已完全水解）　　(9)

当时间为 t 时，蔗糖浓度为 c_A，此时旋光度为 α_t

$$\alpha_t = K_{反} c_A + K_{生} (c_{A,0} - c_A) \tag{10}$$

联立式(8)～式(10)可得：

$$c_{A,0} = \frac{\alpha_0 - \alpha_\infty}{K_{反} - K_{生}} = K'(\alpha_0 - \alpha_\infty) \tag{11}$$

$$c_A = \frac{\alpha_t - \alpha_\infty}{K_{反} - K_{生}} = K'(\alpha_t - \alpha_\infty) \tag{12}$$

将式(11)、式(12)两式代入式(4)，积分即得：

$$\ln(\alpha_t - \alpha_\infty) = -kt + \ln(\alpha_0 - \alpha_\infty) \tag{13}$$

式中，$(\alpha_0 - \alpha_\infty)$ 为常数，以 $\ln(\alpha_t - \alpha_\infty)$ 对 t 作图可得一直线，从直线的斜率可求得反应速率常数 k，进一步也可求算出 $t_{1/2}$。

四、仪器与试剂

WZZ-2 型自动旋光仪一台

四孔电热恒温水浴锅两台（公用）

托盘天平两台（公用）

电子秒表一 块

20mL 移液管 2 支

100mL 锥形瓶 1 只

50mL 量筒 1 个

100mL 棕色试剂瓶一个

3mol/L 盐酸溶液

蔗糖 (A. R.)

五、实验步骤

1. 用托盘天平粗称 10g 蔗糖放入 100mL 棕色瓶中，用量筒取 40mL 蒸馏水倒入棕色瓶中，使蔗糖完全溶解，配制质量分数约 20％的蔗糖溶液。调节恒温水浴为 50～55℃左右。

2. 用蒸馏水校正仪器的零点。

3. 蔗糖水解反应过程旋光度的测定。用移液管移取所配制的蔗糖溶液 20mL，置于 100mL 锥形瓶中，再用移液管移取 20mL 浓度为 3mol/L 的盐酸溶液放入蔗糖溶液，边放边振荡，当盐酸溶液放出一半时，按下秒表开始计时（注意：秒表一经启动，勿停直至实验完毕），然后将剩余盐酸溶液完全放入蔗糖溶液，并使之均匀混合。接下来迅速用反应混合液将样品管润洗三次，将反应混合液装入样品管（注意不要有气泡存在，小心样品液洒出，若洒出擦干净后再放入旋光仪样品箱内），测定规定时间的旋光度。反应开始后的前 15 min 内，因反应速度较快，每 2～3min 读数一次；15 min 后，由于反应物浓度降低反应速率变慢，可将每次测量时间间隔适当延长，每 5～6min 读数一次，一直测定到旋光度为负值，并要测量 4～5 个负值为止（可分别在 3min、6min、9min、12min、15min、20min、25min、30min、35min、40min、45min、50min、55min、60min…读取旋光度数值）。

4. α_∞ 的测量：测定过程中，可将装满样品管后剩余的反应混合物放入 50～55℃左右恒温水浴中加热 30min，使反应充分后，冷却至室温后测定蔗糖完全水解时的旋光度 α_∞。

六、实验数据记录与数据处理

1. 实验数据记录（见表1）

表 1 实验数据									实验温度：＿＿℃	
t/min										
$\alpha_t/(°)$										
$\alpha_t - \alpha_\infty/(°)$										
$\ln(\alpha_t - \alpha_\infty)/(°)$										

2. 以 $\ln(\alpha_t - \alpha_\infty)$ 对 t 作图，由直线斜率求出反应速率常数 k。这一过程可以用计算机处理完成。在对实验数据做线性拟合时，可使用 Origin 软件，详见本书实验二讨论中的相关内容。

3. 计算反应的半衰期 $t_{1/2}$。

七、注意事项

1. 使用前样品管应用待测液润洗，使用后应依次用自来水和蒸馏水清洗。

2. 配制样品溶液时，应把盐酸溶液加到蔗糖溶液中，而不能把蔗糖溶液加到盐酸溶液中。

3. 由于反应液的酸度很大，因此样品管一定要擦干净后才能放入旋光仪内，以免酸液腐蚀旋光仪。实验结束后，样品废液要倒入指定的回收瓶中，必须洗净样品管，并装入蒸馏水，防止酸对样品管的腐蚀。

4. 测量时要注意记录时间和读取旋光度数值的同步性。

5. 由于旋光仪本身钠灯管会散发出热量，长时间测量会造成样品箱温度升高，故测量时间不易太长。

6. 测量 α_∞ 时，通过加热使反应速率加快，转化完全。但加热温度不要超过 60℃。

八、思考题

1. 本实验用蒸馏水校正旋光仪的零点，若不进行校正，对最后的实验结果有无影响？

2. 为什么待测液装入样品管后不允许有气泡存在？

3. 什么条件下蔗糖转化反应可看作为一级反应？

4. 如果实验所用蔗糖不纯，那么对实验有何影响？

5. 在混合待测溶液时，为什么不能把蔗糖溶液加到盐酸溶液中？

九、讨论

1. α_∞ 的测量过程中，剩余反应混合液加热温度不宜过高，以 50～55℃ 为宜，否则有副反应发生，溶液变黄。蔗糖是由葡萄糖的苷羟基与果糖的苷羟基之间缩合而成的二糖。在 H^+ 催化下，除了苷键断裂进行转化外，由于高温还有脱水反应，这就会影响测量结果。

2. 本实验也可采用 Guggenheim（古根亥姆）法处理数据，可以不必测 α_∞。

在 t 和 $t+\Delta$ 测得的 α 分别用 α_t 和 $\alpha_{t+\Delta}$ 表示，则有：

$$\alpha_t - \alpha_\infty = (\alpha_0 - \alpha_\infty)e^{-kt} \tag{14}$$

$$\alpha_{t+\Delta} - \alpha_\infty = (\alpha_0 - \alpha_\infty)e^{-k(t+\Delta)} \tag{15}$$

以上两式相减有：

$$\alpha_t - \alpha_{t+\Delta} = (\alpha_0 - \alpha_\infty)e^{-kt}(1 - e^{-k\Delta}) \tag{16}$$

上式两边取对数可得到：

$$\ln(\alpha_t - \alpha_{t+\Delta}) = \ln[(\alpha_0 - \alpha_\infty)(1 - e^{-k\Delta})] - kt \tag{17}$$

从式(17) 可以看出，只要 Δ 保持不变，右端第一项为常数，以 $\ln(\alpha_t - \alpha_{t+\Delta})$-$t$ 作图为直线，从斜率即可求得 k。一般 Δ 可选为半衰期的 2～3 倍，或反应接近完成的时间之半。本实验可取 $\Delta = 30\text{min}$，每隔 5min 记录一次读数。用 Guggenheim 法处理数据可不必测量反应完毕时的物理量，这就大大节约了时间和避免了副反应的干扰，数据处理也较简单。对于速率常数大，半衰期较短的反应，此法所得结果较精确，但对速率常数小，半衰期较长的反应，处理结果较差。

附：WZZ-2 型数显自动旋光仪工作原理和使用方法

1. 旋光仪的工作原理见本书第三部分相关内容。

2. 使用方法

① 将仪器电源插头插入 220V 交流电源。

② 打开电源开关，这时灯应启亮，应先预热 5～10min。

③ 打开光源开关（若光源开关打开后，钠光灯不亮，则应将光源开关重复打开一到两次，使钠光灯在直流下点亮，为正常），钠光灯需几分钟预热，使之发光稳定。

④ 打开测量开关，机器处于待测状态。

⑤ 将装有蒸馏水或其他空白溶剂的样品管（应无气泡）放入样品室，盖上箱盖，待示数稳定后，按清零按钮。若样品管中有气泡，应先让气泡浮在凹颈处；通光面两端的雾状水

滴，应用软布擦干。样品管放置时应注意标记位置和方向。

⑥ 取出样品管，将样品管中的蒸馏水换为待测溶液，按相同的位置和方向放入样品室，盖好箱盖，仪器读数窗将显示出该样品的旋光度（对于 WZZ-1 型自动旋光仪示数盘上红色示值为左旋，黑色示值为右旋）。

⑦ 本实验不进行复测，不读值时样品箱盖子打开。

⑧ 对于 WZZ-2 型自动旋光仪如样品超过测量范围，仪器停在 $\pm 45°$ 处停止。此时，取出样品管，打开箱盖按箱内回零按钮，仪器即自动转回零位。

⑨ 仪器使用完毕后，应依次关闭测量、光源、电源开关。

⑩ 测深色样品时，当样品透过率过低时，仪器的示数重复性将有所降低，此系正常现象。

⑪ 钠灯在直流供电系统出现故障不能使用时，仪器也可在钠灯交流供电的情况下测试，但仪器的性能可能略有降低。

⑫ 当放入旋光度很小的样品（小于 $0.5°$）时，示数可能变化，这时只要按复测按钮，就会出现新的数值。

⑬ 钠灯长期不更换时，易使钠光灯发光强度降低，使被测样品的数据重复性差，此时，则需要更换钠光灯使之正常。

3. 注意事项

① 仪器应放在干燥通风处，防止潮气侵蚀，尽可能在 20℃ 的工作环境中使用仪器。

② 仪器使用后必须做好清洁。

③ 仪器避免强烈震动和撞击，以免影响精度。

④ 禁止油手、汗污触及光学零件。

⑤ 光源钠灯管积灰或损坏，可打开机器进行擦净或更换。

实验十四　乙酸乙酯皂化反应速率常数的测定

一、实验目的

1. 掌握一种测定化学反应速率常数的物理方法——电导法，利用电导法测定乙酸乙酯皂化反应的速率常数。

2. 进一步理解二级反应的特点，学会作图用图解法处理二级反应，求算二级反应的速率常数以及该反应的活化能 E_a。

3. 掌握电导率仪的使用方法。

二、预习要求

1. 了解电导法测定乙酸乙酯皂化反应速率常数的原理及活化能的概念。

2. 了解二级反应的特点以及如何用图解法求二级反应的速率常数的方法。

3. 初步了解电导率仪的使用方法。

三、实验原理

乙酸乙酯皂化反应是一个典型的二级反应：

$$CH_3COOC_2H_5 + NaOH \longrightarrow CH_3COONa + C_2H_5OH \qquad (Ⅰ)$$

在反应过程中，各物质的浓度随时间而改变。在一定条件下，追踪不同反应时间的反应物或产物的浓度，就可以得出反应的动力学数据。反应物浓度的求得可用化学分析法（用标准酸滴定不同时间的 OH^- 而得），也可以用物理化学法来测定（测定不同时间的反应体系的电导值的变化）。

此反应在稀水溶液中进行，CH_3COONa 是全部电离的，参与电导的离子有 Na^+、CH_3COO^- 和 OH^-，Na^+ 在体系中浓度不变，而 OH^- 的迁移率比 CH_3COO^- 的大得多，随着反应的进行，$[OH^-]$ 不断减少，$[CH_3COO^-]$ 不断增加，所以体系的电导值随反应进行而不断下降。

由于电导率是指单位体积电解质溶液的电导，所以电导率的大小也就反映了电导的大小。本实验就是通过跟踪测定反应过程中电导率随时间的变化，从而达到研究反应物浓度随时间变化的关系之目的。

为处理数据方便，配制 $CH_3COOC_2H_5$ 和 $NaOH$ 的起始浓度相同，均为 a，反应时间 t 时生成的 CH_3COONa 与 C_2H_5OH 的浓度为 x，t 时的 $CH_3COOC_2H_5$ 和 $NaOH$ 浓度为 $(a-x)$。

此反应为二级反应，在一定温度下有：

$$\frac{dx}{dt} = k(a-x)^2 \tag{1}$$

k 为速率常数，积分处理后有：

$$kt = \frac{x}{a(a-x)} \tag{2}$$

在稀的电解质溶液中，电导率与浓度成正比关系，可设 K 为比例常数，对各物质其数值不一样。

若 $t=0$，电导率为 κ_0，显然它对应于反应物 $NaOH$ 的起始浓度 a（$CH_3COOC_2H_5$ 的电导率很小，可忽略），因此：

$$\kappa_0 = K_{NaOH}a \tag{3}$$

当 $t=t$ 时，测得电导率为 κ_t，它应该是浓度为 $(a-x)$ 的 $NaOH$ 和浓度为 x 的产物 CH_3COONa 的电导率之和（产物 C_2H_5OH 的电导率很小，也可忽略）。即：

$$\kappa_t = K_{NaOH}(a-x) + K_{CH_3COONa}x \tag{4}$$

当 $t=\infty$ 时，OH^- 完全被 CH_3COO^- 所取代，因此，此时的电导率 κ_∞ 应与浓度为 a 的产物相对应。即：

$$\kappa_\infty = K_{CH_3COONa}a \tag{5}$$

由式(3)-式(4) 可得：

$$x = \frac{\kappa_0 - \kappa_t}{K_{NaOH} - K_{CH_3COONa}} \tag{6}$$

由式(4)-式(5) 可得：

$$a-x = \frac{\kappa_t - \kappa_\infty}{K_{NaOH} - K_{CH_3COONa}} \tag{7}$$

将式(6)、式(7) 带入式(2) 中，可得：

$$\kappa_t = \frac{1}{ka} \cdot \frac{\kappa_0 - \kappa_t}{t} + \kappa_\infty \tag{8}$$

由式(8) 可知，以 κ_t 对 $\frac{\kappa_0 - \kappa_t}{t}$ 作图，可以得到一条直线，其斜率为 $\frac{1}{ka}$，由斜率可以求得反应速率常数 k。

分别测定不同温度下的速率常数 $k(T_1)$ 和 $k(T_2)$，根据阿累尼乌斯公式就可算出反应的活化能 E_a。

$$\ln \frac{k(T_2)}{k(T_1)} = \frac{E_a(T_2 - T_1)}{RT_1 T_2} \tag{9}$$

四、仪器与试剂

76-1 型恒温玻璃水浴一套

101-2B 型烘箱一台（共用）

DDS-307 型电导率仪一台

电子秒表一块

电导池（混合反应器）2 支（干燥）

100mL 锥形瓶（干燥）2 只

50mL、100mL 烧杯各 1 个

20mL 移液管 3 支

重蒸馏水

0.02mol/L 的 NaOH（新鲜配制）

0.02mol/L 的 $CH_3COOC_2H_5$（新鲜配制）

五、实验步骤

1. 恒温水浴的调节

调节恒温水浴的温度为 25℃。

2. κ_0 的测量

移取 0.02mol/L 的 NaOH 溶液 20mL 于干净的三角瓶中，加重蒸馏水稀释一倍。取出泡在蒸馏水中的电极，用滤纸小心地吸去电极末端玻璃上的水珠（注意，千万不能碰到两片铂黑电极！），将可插入电极的塞子塞在三角瓶上，插入电极，溶液的液面要浸没铂黑电极，在恒温槽内恒温约 10min。然后按下相应的量程按钮，所得稳定读数即为 κ_0（注意，起始浓度为 0.01mol/L）。

3. κ_t 的测量。

电导池如图 1 所示。

在电导池的侧支管（b）中加入 20mL 0.02mol/L 的 $CH_3COOC_2H_5$，直支管（a）中加入 20mL 0.02mol/L 的 NaOH，塞上塞子，插入电极，放入恒温槽内恒温 10min，然后倾斜电导池让两池中的溶液来回混合均匀，当这两种溶液一接触就开始按秒表计时（注意停表一经打开切勿按停！直至测量结束）。测不同时刻的 κ_t。

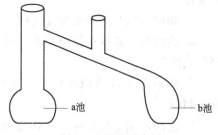

图 1 电导池示意图

4. 调节恒温槽温度为 35℃，重复上述步骤测定另一温度时的 κ_0，κ_t。

六、实验数据记录与数据处理

1. 数据记录（见表 1）

表 1 数据记录 　室温＝＿＿＿ 　恒温槽温度 t＝＿＿＿ 　κ_0＝＿＿＿

t/min					
κ_t/(mS/cm)					
$\dfrac{\kappa_0 - \kappa_t}{t}$/[mS/(cm·min)]					

另一温度数据记录同上。

2. 以 κ_t 对 $(\kappa_0-\kappa_t)/t$ 作图。

3. 由直线斜率计算出反应的速率常数 $k(T_1)$ 和 $k(T_2)$。这一过程可以用计算机处理完成。在对实验数据做线性拟合时，可使用 Origin 软件。详见本书实验二讨论中的内容。

4. 由所求出的 $k(T_1)$ 和 $k(T_2)$ 代入阿累尼乌斯公式计算出该反应的活化能 E_a。

5. 实验结束，断开电源开关，取出电极，用蒸馏水冲洗干净，重新浸泡在蒸馏水中。

七、注意事项

1. 本实验所用的蒸馏水需事先煮沸，待冷却后使用，以免溶有的 CO_2 致使 NaOH 溶液浓度发生变化。

2. 所用的溶液浓度必须准确相等，测定不同温度的 κ_0 时，NaOH 溶液必须更换，否则由于放置时间过长，溶液会吸收空气中的 CO_2，而降低 NaOH 的浓度，使 κ_0 偏低，结果导致 k 值偏低。

3. 由于 $CH_3COOC_2H_5$ 在稀溶液中能缓慢水解，会影响 $CH_3COOC_2H_5$ 的浓度，且水解产物 CH_3COOH 又会消耗 NaOH。所以，$CH_3COOC_2H_5$ 水溶液应在使用时临时配制，配制时动作要迅速，以减少挥发损失。

4. 所用电导池在加入溶液前必须洗净、烘干，NaOH 和 $CH_3COOC_2H_5$ 混合时必须混合均匀。

5. 温度对速率常数影响较大，需在恒温条件下测定。在水浴中恒温需 10min 以上，否则会因起始时温度的不恒定而使电导偏低或偏高，以致所得直线线性不佳。

八、思考题

1. 你认为本实验最关键的问题是什么？对这些问题在实验中应怎样考虑？

2. 在反应体系中，被测溶液的电导是哪些离子的贡献？反应过程中溶液的电导为何发生变化？

3. 如何从实验结果来验证乙酸乙酯皂化为二级反应？

4. 为何本实验要在恒温条件下进行，而且 NaOH 溶液和 $CH_3COOC_2H_5$ 溶液混合前还要预先恒温？

5. 如果 NaOH 溶液和 $CH_3COOC_2H_5$ 溶液为浓溶液，能否用此法求 k 值？为什么？

九、讨论

1. 乙酸乙酯皂化反应为吸热反应，混合后体系温度降低，所以在混合后的起始几分钟内所测溶液的电导率偏低，因此最好在反应 4～6min 后开始测定，否则，以 κ_t 对 $(\kappa_0-\kappa_t)/t$ 作图得到的是一抛物线，而不是直线。

2. 求反应速率的方法很多，归纳起来有化学分析法及物理分析法两类。化学分析法是在一定时间取出一部分试样，使用骤冷或取去催化剂等方法使反应停止，然后进行分析，直接求出浓度。这种方法虽设备简单，但是时间长，操作比较麻烦。物理分析法有旋光、折光、电导、分光光度等方法，根据不同情况可用不同仪器。这些方法的优点是实验时间短，速度快，不用中断反应，而且还可采用自动化的装置，但是需一定的仪器设备，并只能得出间接的数据，有时往往会因某些杂质的存在而产生较大的误差。

附：DDS-307 型电导率仪使用方法与注意事项

1. 面板示意图（见图 2）

2. 使用方法

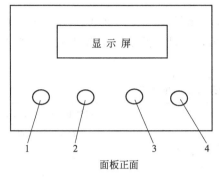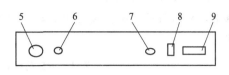

图 2 DDS-307 型电导率仪面板示意图（上海雷磁仪器厂）

1—量程选择开关旋钮；2—常数补偿调节旋钮；3—校对调节旋钮；4—温度补偿调节旋钮；

5—电极插座；6—输出插口；7—保险丝管座；8—电源开关；9—电源插座

① 电源线插入仪器电源插座，接通电源，按下电源开关，预热 30min 后，进行校准。

② 仪器使用前必须进行校准。将量程选择开关指向"检查"，常数补偿调节旋钮指向"1"刻度线，温度补偿调节旋钮指向"25"刻度线，调节校准调节旋钮，使仪器显示 $100\mu S/cm$，至此校准完毕。

③ 电极常数的设置方法。目前电导电极的电极常数为 0.01、0.1、1.0、10 四种不同类型，但每种类电极具体的电极常数值，制造厂均粘贴在每支电导电极上，根据电极上所标的电极常数值调节仪器。调节常数补偿调节旋钮使仪器显示值与电极所标数值一致。可根据表 2 选择相应常数的电极。

例如：

电极常数为 $0.01025cm^{-1}$，则调节常数补偿调节旋钮使仪器显示为 102.5（测量值＝读数值×0.01）。

电极常数为 $0.1025cm^{-1}$，则调节常数补偿调节旋钮使仪器显示为 102.5（测量值＝读数值×0.1）。

电极常数为 $1.025cm^{-1}$，则调节常数补偿调节旋钮使仪器显示为 102.5（测量值＝读数值×1）。

电极常数为 $10.25cm^{-1}$，则调节常数补偿调节旋钮使仪器显示为 102.5（测量值＝读数值×10）。

表 2 电极测量范围和电极电导常数的关系

测量范围/($\mu S/cm$)	推荐使用电导常数的电极	测量范围/($\mu S/cm$)	推荐使用电导常数的电极
0～2	0.01,0.1	2000～20000	1.0,10
0～200	0.1,1.0	20000～100000	10
200～2000	1.0		

注：对常数为 1.0、10 类型的电导电极有"光亮"和"铂黑"两种形式，镀铂电极习惯称作铂黑电极，对光亮电极其测量范围为 $(0～300)\mu S/cm$ 为宜。

④ 温度补偿的设置 调节仪器面板上的温度补偿调节旋钮，使其指向待测溶液的实际温度值，此时，测量得到的是待测溶液经过温度补偿后折算为 25℃下的电导率值。

如果将温度补偿调节旋钮指向"25"刻度线，测量的将是待测溶液在该温度下未经补偿的原始电导率值。

⑤ 测量 常数、温度补偿设置完毕，将量程"选择"开关按表 3 放置合适位置，在测量过程中，显示值熄灭时，说明测量超出量程范围，此时，应切换量程"选择"开关至上一档量程。

表 3 测量范围和选择开关位置的对应

序号	"选择"开关位置	测量范围/(μS/cm)	被测电导率/(μS/cm)
1	I	0～20.0	显示读数×C
2	II	20.0～200.0	显示读数×C
3	III	200.0～2000	显示读数×C
4	IV	2000～20000	显示读数×C

注：C 为电导电极常数值。

3. 注意事项

① 在测量高纯水时应避免污染，最好采用密封、流动的测量方式。

② 因温度补偿采用固定的 2% 的温度系数进行补偿，故对高纯水测量尽量采用不补偿方式进行测量后查表。

③ 为确保测量精度，电极使用前应用小于 0.5μS/cm 的蒸馏水（或去离子水）冲洗两次，然后用被测试样冲洗三次方可测量。

④ 电极插头座要绝对防止受潮，以免造成不必要的测量误差。

⑤ 电极应定期进行常数标定。

注：76-1 型恒温玻璃水浴使用方法见本书第二部分实验二附三的内容。

实验十五 丙酮的碘化反应

一、实验目的

1. 熟悉物理法测定反应级数及速率常数的方法、原理。
2. 测定酸催化时丙酮碘化反应的反应级数、速率常数及活化能。
3. 通过实验加深对二级反应特征的理解。
4. 熟悉分光光度计的结构及使用方法。

二、预习要求

1. 了解丙酮碘化反应的机理及动力学方程式。
2. 明确所测物理量（吸光度）与该反应速率常数之间的关系。
3. 了解分光光度计的工作原理及其使用方法。

三、实验原理

按反应机理的复杂程度不同可以将反应分为简单反应和复杂反应两种类型。简单反应本身就是一个基元反应，即是由反应物粒子经碰撞一步就直接生成产物的反应。复杂反应是通过生成中间产物的许多步骤来完成的，其中每一步都是一个基元反应。常见的复杂反应有对峙反应、平行反应和连串反应等。

丙酮在酸性溶液中的碘化反应是一复杂反应，反应方程式为：

$$CH_3COCH_3 + I_2 \longrightarrow CH_3COCH_2I + H^+ + I^-$$

（ I ）

一般认为该反应的反应机理包括下列两步：

$$CH_3COCH_3 \xrightarrow{H^+} CH_3COHCH_2 \tag{II}$$

$$CH_3COHCH_2 + I_2 \longrightarrow CH_3COCH_2I + H^+ + I^- \tag{III}$$

反应（II）是丙酮的烯醇化反应，反应（III）是丙烯醇的碘化反应。反应速率除了与反应物浓度有关外，还与 H^+ 浓度有关。设反应的动力学方程为：

$$r = \frac{-d[A]}{dt} = \frac{-d[I_2]}{dt} = k[A]^\alpha[H^+]^\beta[I_2]^\gamma \tag{1}$$

式中　　　　　　　r——反应速率；

$[A]$、$[I_2]$、$[H^+]$——丙酮、碘和氢离子在时间 t 时的浓度；

α、β、γ——丙酮、氢离子和碘的反应级数；

k——反应的速率常数。

实验研究表明，除非在很高的酸度下，丙酮碘化反应的速率才与碘的浓度有关。在一般的酸度条件下，反应的速率与碘的浓度无关，即 $\gamma = 0$，此时，式(1) 可以简化成：

$$r = \frac{-d[I_2]}{dt} = k[A]^\alpha[H^+]^\beta \tag{2}$$

式(1)、式(2)是假设丙酮仅发生一元碘化而得到的。事实上，丙酮不仅可以发生一元碘化反应，而且还可以发生更深的碘化反应，致使反应过程趋于复杂。为了避免这一现象的发生，可以控制碘的浓度远远小于丙酮和 H^+ 的浓度，由于碘的浓度小，更深的碘化反应就基本上可以避免。同时，丙酮和酸的浓度远大于碘的浓度时，则可在反应进行的全过程中把丙酮和酸的浓度看作不变，则式(2) 中的反应速率 r 为常数，于是若以反应过程测得的碘的浓度对相应的反应时间 t 作图将得到一条直线，该直线斜率的负值即为反应速率。由于碘在可见光区有一个很宽的吸收带，而在此吸收带中盐酸、丙酮、碘化丙酮溶液则没有明显的吸收，可以很方便地通过分光光度法测定碘浓度随时间的变化来量度反应进程。根据朗伯-比尔定律，溶液的吸光度 A 与物质浓度 c 的关系为：

$$A = -\lg \frac{I}{I_0} = -\lg T = \varepsilon Lc \tag{3}$$

式中　L——溶液的厚度，在分光光度分析中即为比色皿的厚度；

ε——摩尔吸光系数，与入射光波长、物质的性质和温度等因素有关；

I_0——入射光强度；

I——透射光强度；

T——透光度。

在给定的条件下，L 和 ε 均为常数，测定某一已知浓度的碘溶液的吸光度 A，可求得常数 εL。若以 A 对 t 作图，其斜率为 $\varepsilon L\left(\dfrac{dc}{dt}\right)$，已知 εL，则可以算出反应速率。

为了求得各反应物的反应级数，本实验采用改变物质比例的微分法。设计一组实验保持酸的浓度不变，改变丙酮的浓度测其反应速率，可确定出丙酮的分级数 α；另一组实验保持丙酮的浓度不变，改变酸的浓度测其反应速率，可以确定酸的分级数 β。分级数的计算公式可归纳为：

$$n_i = \frac{\lg \dfrac{r_1}{r_2}}{\lg m} \tag{4}$$

式中 n_i——所求组分的分级数；

r_1、r_2——相关两组实验的反应速率；

m——浓度改变的倍数。

测定了 α 和 β，再根据某一反应体系的丙酮浓度、H^+ 浓度以及相对应的反应速率，即可根据式（2）计算出反应的速率常数 k，即：

$$k = \frac{r}{[A]^\alpha [H^+]^\beta} \tag{5}$$

同时，由实验所测两个或两个以上温度的速率常数，就可根据阿累尼乌斯公式估算反应的表现活化能。即：

$$E_a = \left(\frac{RT_1 T_2}{T_2 - T_1}\right) \ln \frac{k_2}{k_1} \tag{6}$$

四、仪器与试剂

722 型分光光度计一台

HH-501 型超级恒温水浴（数显）1 套

50mL 容量瓶 2 个

100mL 磨口锥形瓶 1 个

带有恒温夹层的比色皿 1 个

5mL 移液管 2 支

50mL 量筒 1 个

电子秒表一块

0.03mol/L 碘溶液（含 4％KI）

1mol/L 盐酸标准溶液

2mol/L 丙酮溶液（此三种溶液均需准确标定）

五、实验步骤

1. 开启恒温水浴，控制温度为 25℃。分光光度计预热 20min。

2. 测定 εL 值

调光度计波长为 565nm，在恒温比色皿中分别注入蒸馏水和 0.03mol/L 碘溶液，用蒸馏水调吸光度零点，测碘溶液的吸光度 A，平行测量三次。

3. 测定反应速率常数

在一洗净的 50mL 容量瓶中用移液管移入 5mL 浓度为 2mol/L 的丙酮溶液，加入少量蒸馏水，盖上瓶塞。另取一洗净的 50mL 容量瓶，用移液管各移取 5mL 浓度为 0.03mol/L 的碘溶液和浓度为 1 mol/L 的盐酸溶液注入该瓶中，盖上瓶塞。再取一洗净的 100mL 容量瓶，注入约 50mL 蒸馏水，三个容量瓶一同放入 25℃恒温水浴中恒温 10min。温度恒定后，快速将丙酮溶液倒入盛有酸和碘混合液的容量瓶中，用 25℃的蒸馏水洗涤盛有丙酮的容量瓶 3～4 次。洗涤液均倒入盛有混合液的容量瓶中，用蒸馏水稀释至刻度，振荡均匀，迅速倒入带有恒温夹层的比色皿中，每次用蒸馏水调吸光度零点后，测混合液吸光度 A 值，并同时开启秒表，作为反应起始时间。以后每隔 3min 测量一次，可读取 10～12 个读数。

4. 测定反应活化能

将恒温水浴的温度升高到 35℃，重复上述步骤 2、3，但测定时间应相应缩短，可改为 1min 记录一次。

5. 测定丙酮和氢离子的反应级数

固定碘溶液加入量不变，一组丙酮溶液加入量为 10mL，盐酸溶液加入量为 5mL，另一组丙酮溶液加入量为 5mL，盐酸溶液加入量为 10mL，测定方法同步骤 3，温度仍为 25℃。

六、实验数据记录与处理

1. 数据记录（见表1）

表 1　数据记录

时间 t/min										
吸光度 A										

2. 数据处理

① 利用式(3)，求出 εL。

② 由所测吸光度 A 对时间 t 作图，应得一直线，求此直线斜率，计算反应速率。这一过程可以用计算机处理完成。在对实验数据做线性拟合时，可使用 Origin 软件。详见本书实验二讨论中的内容。

③ 由式(4) 计算分级数 α 和 β，由式(2) 计算出反应的速率常数 k。

④ 由所测 25℃、35℃时的速率常数 k，根据阿累尼乌斯公式计算反应的活化能。

七、注意事项：

1. 温度影响反应速率常数，实验时体系始终要恒温。

2. 每次测定时保证比色皿位置不变。

3. 实验所需溶液均要准确配制。

4. 混合反应溶液时要在恒温槽中进行，操作必须迅速准确。

5. 每次用蒸馏水调吸光度零点后，方可测待测溶液吸光度值。

八、思考题

1. 动力学实验中，正确计算时间是实验的关键。本实验中，将丙酮溶液加入盛有 I_2 和 HCl 溶液的容量瓶中时，反应即开始，而反应时间却以溶液混合均匀并注入比色皿中才开始计时，这样做对实验结果有无影响，为什么？

2. 实验时用分光光度计测量什么物理量？它和碘浓度有什么关系？

3. 影响本实验结果的主要因素是什么？

九、讨论

1. 虽然在反应（Ⅰ）中没有其他试剂吸收可见光，但存在一个次要却复杂的情况，即在溶液中存在 I_3^-、I_2 和 I^- 的平衡：

$$I_2 + I^- \Longrightarrow I_3^- \tag{Ⅳ}$$

其中 I_2 和 I_3^- 都吸收可见光，因此 I_2 溶液的吸光度不仅取决于 I_2 的浓度，而且也与 I_3^- 的浓度有关。根据朗伯-比尔定律，含有 I_3^- 和 I_2 溶液的总吸光度 A 可以表示为 I_3^- 和 I_2 两部分吸光度的和，即：

$$A = A(I_3^-) + A(I_2) = \varepsilon(I_3^-)Lc(I_3^-) + \varepsilon(I_2)Lc(I_2) \tag{7}$$

摩尔吸光系数 $\varepsilon(I_3^-)$ 和 $\varepsilon(I_2)$ 是吸收光波长的函数。在特殊情况下，即波长 $L=565$nm 时，$\varepsilon(I_3^-)=\varepsilon(I_2)$，所以式(7) 变为，

$$A = A(I_3^-) + A(I_2) = \varepsilon(I_2)L[c(I_3^-) + c(I_2)] \tag{8}$$

也就是说，在 565nm 这一特定的波长条件下，溶液的吸光度 A 与 I_3^- 和 I_2 浓度之和成正比。因为 ε 在一定的溶质，溶剂和固定的波长条件下是常数。使用固定的一个比色皿，L 也是一定的，所以式(3) 中，常数 $\varepsilon(I_2)L$ 就可以由测定已知浓度碘溶液的吸光度 A 求出。

2. 若在室温下实验且室温较低时，可适当增加丙酮或酸溶液的浓度，或在满足关系式及总体积不超过 50mL 的前提下，增加各溶液的用量，以加快反应，缩短测定的时间。

附：722 型分光光度计

1. 构造原理

722 型分光光度计由光源室、单色器、试样室、光电管暗盒、电子系统及数字显示器等部件组成。光源为钨卤素灯，波长范围为 330～800nm。单色器中的色散元件为光栅，可获得波长范围狭窄的接近于一定波长的单色光。其外部结构如图 1 所示。722 型分光光度计能在可见光谱区域内对样品物质作定性和定量分析，其灵敏度、准确性和选择性都较高，因而在教学、科研和生产上得到广泛使用。

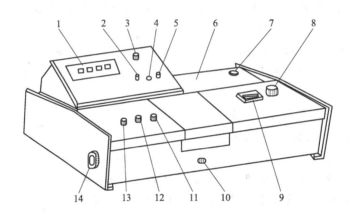

图 1   722 型分光光度计外部结构图

1—数字显示器；2—吸光度调零旋钮；3—选择开关；4—吸光度调斜率电位器；5—浓度旋钮；6—光源室；7—电源开关；8—波长手轮；9—波长刻度窗；10—试样架拉手；11—100%T 旋钮；12—0%T 旋钮；13—灵敏度调节旋钮；14—干燥器

2. 使用步骤

(1) 预热仪器   将选择开关置于"T"，打开电源开关，使仪器预热 20min。

(2) 选定波长   根据实验要求，转动波长手轮，调至所需要的单色波长。

(3) 固定灵敏度挡   在能使空白溶液很好地调到"100%"的情况下，尽可能采用灵敏度较低的挡，使用时，首先调到"1"挡，灵敏度不够时再逐渐升高。但换挡改变灵敏度后，须重新校正"0%"和"100%"。选好的灵敏度，实验过程中不要再变动。

(4) 调节 $T=0\%$ 轻旋"0%"旋钮，使数字显示为"00.0"(此时试样室是打开的)。

(5) 调节 $T=100\%$ 将盛蒸馏水(或空白溶液，或纯溶剂)的比色皿放入比色皿座架中的第一格内，并对准光路，把试样室盖子轻轻盖上，调节透过率"100%"旋钮，使数字显示正好为"100.0"。

(6) 吸光度的测定   将选择开关置于"A"，盖上试样室盖子，将空白液置于光路中，调节吸光度调节旋钮，使数字显示为".000"。将盛有待测溶液的比色皿放入比色皿座架中的其他格内，盖上试样室盖，轻轻拉动试样架拉手，使待测溶液进入光路，此时数字显示值即为该待测溶液的吸光度值。读数后，打开试样室盖，切断光路。重复上述测定操作 1～2 次，读取相应的吸光度值，取平均值。

（7）浓度的测定 选择开关由"A"旋置"C"，将已标定浓度的样品放入光路，调节浓度旋钮，使得数字显示为标定值，将被测样品放入光路，此时数字显示值即为该待测溶液的浓度值。

（8）关机 实验完毕，切断电源，将比色皿取出洗净，并将比色皿座架用软纸擦净。

3. 注意事项

① 为了防止光电管疲劳，不测定时必须将试样室盖打开，使光路切断，以延长光电管的使用寿命。

② 取拿比色皿时，手指只能捏住比色皿的毛玻璃面，而不能碰比色皿的光学表面。

③ 比色皿不能用碱溶液或氧化性强的洗涤液洗涤，也不能用毛刷清洗。比色皿外壁附着的水或溶液应用擦镜纸或细而软的吸水纸吸干，不要擦拭，以免损伤它的光学表面。

注：HH-501 型超级恒温水浴（数显）使用方法见本书第二部分实验四。

实验十六　表面张力的测定

一、实验目的

1. 掌握用最大气泡法测定表面张力的原理和技术。

2. 通过测定不同浓度正丁醇水溶液的表面张力，利用吉布斯公式计算其吸附量。加深对表面张力、表面自由能和表面吸附量关系的理解。

3. 学会用镜像法作切线，并利用吉布斯吸附公式计算不同浓度下正丁醇水溶液的表面吸附量。

二、预习要求

1. 了解表面自由能、表面张力的意义及表面张力与吸附的关系。

2. 了解用最大气泡法测定表面张力的实验原理及影响表面张力测定的因素。

3. 了解如何由表面张力的实验数据求得正丁醇分子的表面吸附量。

三、实验原理

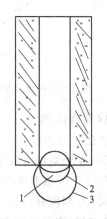

图 1　毛细管口的气泡形成过程（1→2→3）

1—r_1 极大；2—r_2＝R，即气泡的半径正好等于毛细管的半径；3—r_3＞R

本实验用最大气泡法测定表面张力，其原理如下：从浸入液面下的毛细管端鼓出空气泡时，需要高于外部大气压的附加压力以克服气泡的表面张力，此时附加压力与表面张力成正比，与气泡的曲率半径 r 成反比，其关系式为

$$\Delta p = \frac{2\sigma}{r} \tag{1}$$

如果毛细管半径很小，则形成的气泡基本上球形的。当气泡开始形成时，表面几乎是平的，这时曲率半径最大；随着气泡的形成，曲率半径逐渐变小，直到形成半球形，这时曲率半径 r 与毛细管半径 R 相等，曲率半径达到最小值，这时附加压力达到最大值。随着气泡进一步长大，r 变大，附加压力则变小，直到气泡逸出，如图 1 所示。$R＝r$ 时的最大附加压力 Δp_m 可

表示为：

$$\Delta p_m = \frac{2\sigma}{R}, \ \sigma = \frac{R}{2}\Delta p_m = K\Delta p_m \tag{2}$$

对于同一支毛细管来说，半径 R 为定值，即式中 K 值为一常数，称为毛细管常数，因此只要用表面张力已知的液体为标准，求出毛细管常数，即可测得其他液体的表面张力。实际测量时，使毛细管端刚好与液面接触，可忽略鼓泡所需克服的静压力。

在定温定压下，纯溶剂的表面张力是定值。当在其中加入能降低溶剂表面张力的溶质时，则根据能量最低原理，表面层中溶质的浓度比溶液内部大。反之，溶质能使溶剂表面张力升高时，则它在表面层中的浓度比溶液内部低。这种现象称为溶液的表面吸附。吉布斯吸附等温式为：

$$\Gamma = \frac{-c}{RT}\frac{d\sigma}{dc} \tag{3}$$

式中　Γ——溶质的表面吸附量；

　　　σ——表面张力；

　　　c——吸附达到平衡时溶质在介质中的浓度。

为了求得表面吸附量，需先作出 $\sigma = f(c)$ 的等温曲线，如图 2 所示，经过切点 a 作曲线的切线和平行于横坐标的直线，分别交纵坐标于 b 点和 d 点。以 Z 表示 bd 的长度，显然 $Z = -c\dfrac{d\sigma}{dc}$，$\Gamma = \dfrac{Z}{RT}$。在曲线上取不同的点，就可得到不同的 Γ 值，以 Γ-c 作图，就可以得到吸附等温线，如图 3 所示。

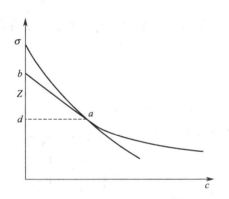

图 2　表面张力和浓度的关系曲线

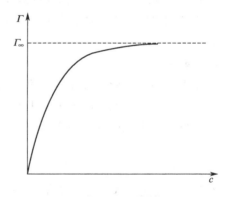

图 3　溶液的吸附等温线

四、仪器与试剂

表面张力测定仪一套（毛细管、套管、滴液瓶）

DP-AW 型精密数字压力计一台

76-1 型恒温玻璃水浴一套

10mL 刻度移液管 2 支

2mL 刻度移液管 1 支

250mL 容量瓶 1 个

100mL 容量瓶 7 个

50mL 碱式滴定管 1 支

500mL、400mL 烧杯两个

洗耳球一个

滴管一支

正丁醇（A. R.）（$d = 0.8098\text{g/cm}^3$）

五、实验步骤

1. 仪器的准备与检漏

实验前将毛细管和容器用铬酸洗液、自来水和蒸馏水充分洗净，并用洗耳球将毛细管吹干，否则气泡不能均匀平稳逸出，影响压力计读数。

在套管中注入适量蒸馏水，使毛细管端刚好和液面垂直相切。按图 4 安装好仪器。

将套管在恒温水槽内恒温（25℃）约 10min。抽气瓶内装满水。测定前，打开抽气瓶上的橡皮管夹子，将抽气瓶放空，压力计采零，夹紧橡皮管上的夹子。然后打开抽气瓶的活塞，使瓶内水缓慢滴出，则系统内的压力慢慢减小，相当于进行抽气，当压力计指示出一定的压差值时（尚未出气泡），关闭抽气瓶下面的活塞，停止抽气，观察压力计读数。若 2～3min 内压力计读数不变，则说明系统不漏气，可以进行实验。如有漏气，需要检查漏气的原因，并设法排除。

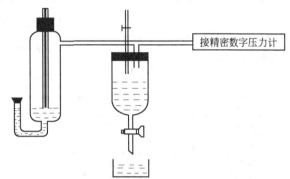

接精密数字压力计

图 4　最大气泡法表面张力仪装置示意图

2. 毛细管常数 K 的测定

用水做标准物质测定 K 值。在确定仪器不漏气后，按步骤 1 将抽气瓶放空，压力计采零，然后夹紧橡皮管上的夹子。温度恒定后，打开抽气瓶的活塞，使瓶内水缓慢滴出，系统内的压力逐渐减小，由于毛细管液面所受到的压力比外套管中液面所受到的压力大，因此毛细管中的液面逐渐下降，被压至管口，并形成气泡逸出。注意控制水的流速，使气泡从毛细管中平稳逸出（约 5～10s 出一个气泡）。若气泡的形成时间太短，则吸附平衡就来不及在气泡表面建立起来，测得的表面张力就不是该浓度下真正的表面张力值。待气泡形成速度稳定后，读取压力计上的最大压差值 Δp_m，共读取三次，取其平均值，则可算出毛细管常数 K 值。

3. 配制 0.5 mol/L 正丁醇溶液 250mL。

即先用 10mL 刻度移液管和 2mL 刻度移液管吸取 11.42 mL 正丁醇溶液放入 250mL 容量瓶中，然后加入蒸馏水，边加边轻摇动，加水至刻度，摇匀即可。然后用 100mL 刻度移液管按表 1 取不同体积溶液，用容量瓶配制浓度分别为 0.02mol/L、0.04mol/L、0.06mol/L、0.08mol/L、0.10mol/L、0.12mol/L、0.14mol/L、0.16mol/L 的正丁醇水溶液各 100mL。

表 1　不同浓度正丁醇水溶液的配制

浓度 c/(mol/L)	0.02	0.06	0.08	0.10	0.12	0.14	0.16
需要 0.5mol/L 正丁醇的量/mL	4	12	16	20	24	28	32

4. 以同样方法，将配制好的正丁醇溶液按浓度从小到大的顺序，依次测定其最大压差

值。每次更换溶液时不必烘干套管和毛细管，只需用少量待测液润洗 3 次即可。每次均要用洗耳球吹净毛细管内液体。

5. 实验完毕，用洗液、自来水、蒸馏水清洗玻璃仪器，整理实验台面。

六、实验数据记录与数据处理

1. 实验数据记录（见表 2、表 3）

表 2　实验数据（一）　　　　室温_____　大气压_____

标准液体	$\sigma/(N/m)$	$\Delta p_m/kPa$		毛细管常数 K
H_2O			平均值：	

表 3　实验数据（二）

浓度 $c/(mol/L)$	$\Delta p_m/kPa$				$\sigma/(N/m)$
	1	2	3	平均值	
0.02					
0.04					
0.06					
0.08					
0.10					
0.12					
0.14					
0.16					

2. 由表 3 数据，绘制 σ-c 曲线，曲线要求平滑。

3. 在曲线整个浓度范围内取 10 个点左右，用镜像法在曲线上作出各浓度点的切线，求得相应的 Z 值及表面吸附量 Γ，填入表 4。需注意，在斜率变化大的地方取点应密集一些。并做出 Γ-c 吸附等温线（此过程也可用 Microsoft Excel 软件进行处理，详见本实验讨论部分）。

表 4　Z 值及表面吸附量数据

浓度 $c/(mol/L)$										
Z 值										
$\Gamma/(mol/m^2)$										

七、注意事项

1. 严格控制温度，在恒温下进行操作。

2. 读取压力时，应取气泡单个冒出时的最大值。

3. 应仔细检查橡胶管接口、滴液瓶塞、T 形管等处密封是否良好，是否存在漏气。

4. 不要将仪器放置在有强磁场干扰的区域内。另外也不要将仪器放置在通风环境中，尽量保持仪器附近气流稳定。

八、思考题

1. 用最大气泡法测定液体的表面张力对鼓泡速度有什么要求？

2. 如何根据所测数据粗略计算正丁醇分子的横截面积？

3. 为什么毛细管安装时一定要刚好与液面相切？否则对实验有何影响？

4. 表面张力为什么必须在恒温槽中进行测定？温度变化对表面张力有何影响？

5. 本实验的误差来源有哪些？

九、讨论

镜像法是常用的做曲线切线的方法。此法简单易操作，但偶然性较大，容易产生误差。下面介绍一种采用 Excel 软件对曲线进行拟合，并求切线斜率的方法。此方法准确性较高，可以克服许多人为的误差。

1. 数据输入与曲线绘制

打开电脑的 Microsoft Excel 软件。将正丁醇溶液的浓度 c 及所测表面张力 σ 的值分别输入到 Excel 软件界面的 A、B 两列中，然后选取 A、B 两列数据，点击窗口的作图键。在图表类型菜单中，选择 XY 散点图。在子图表类型菜单中选择平滑线散点图，然后按下一步→下一步→下一步，再点击新工作表，然后点击完成。此时所得曲线不是经曲线拟合程序拟合的，不符合要求。

2. 曲线拟合

用鼠标右键点击曲线上的任意一点，出现一个文字对话框。鼠标左键点击添加趋势线之后，选择多项式；然后在阶数窗口选择 2；再点击选项按键，出现添加趋势线窗口；点击显示公式（E）和显示 R 平方值，再点击确定按键，就可出现一个已经拟合过的所需圆滑曲线，并得到一个 $y=f(x)$ 的拟合方程式（在此方程式中 y 就代表表面张力 σ，x 就代表正丁醇溶液的浓度 c）。拟合曲线的相关系数 R^2 越接近 1，说明实验值与拟合值越接近，拟合程度越好。

3. 计算曲线在某点的斜率

在上述 $y=f(x)$ 的拟合方程式中以 y 对 x 求导（也即以 σ 对 c 求导），可得到另一方程：$y'=(\mathrm{d}\sigma/\mathrm{d}c)=f(x)$。按此方程，将各浓度的数值带入，可计算各浓度下的（$\mathrm{d}\sigma/\mathrm{d}c$）值，将数值输入到 Excel 的 C 列中。

4. 计算表面吸附量 Γ

在得到各浓度下曲线斜率之后，依据式（3），在 Excel 工作表的 D 列中进行各浓度下表面吸附量 Γ 的计算，然后在 Excel 工作表中选取 A、D 两列数据，用作 σ-c 曲线的方法可以作出 Γ-c 曲线。

注：DP-A 型精密数字压力计使用方法见本书第二部分实验二之附一。

76-1 型恒温玻璃水浴使用方法见本书第二部分实验二之附二。

实验十七　固液吸附法测定固体比表面积

一、实验目的

1. 掌握用固液吸附法测定活性炭比表面积的基本原理和方法。

2. 掌握分光光度计的工作原理及使用方法。

二、预习要求

1. 熟悉比表面积的概念及其计算式。

2. 明确实验所测物理量的意义。

3. 了解测定比表面积的基本原理及方法。

4. 了解朗格缪尔单分子层吸附理论。

三、实验原理

比表面积是指单位质量（或单位体积）的物质所具有的表面积，其数值与分散粒子大小有关。测定固体比表面的方法很多，常用的有 BET 低温吸附法、电子显微镜法和气相色谱法，但它们都需要复杂的仪器装置或较长的实验时间。而固液吸附法仪器简单，操作方便，还可以同时测定许多个样品。

水溶性染料的吸附已广泛应用于固体物质比表面积的测定。亚甲基蓝是易于被固体吸附的水溶性染料，本实验用亚甲基蓝溶液固液吸附法测定活性炭的比表面积。研究表明，活性炭对亚甲基蓝的吸附，在一定的浓度范围内是单分子层吸附，符合朗格缪尔吸附等温式。但当原始溶液浓度较高时，会出现多分子层吸附，而如果吸附平衡后溶液的浓度过低，则吸附又不能达到饱和，因此，原始溶液的浓度以及吸附平衡后的溶液浓度都应在适当的范围内。本实验原始溶液浓度为 2g/L 左右，平衡溶液浓度不小于 1g/L。

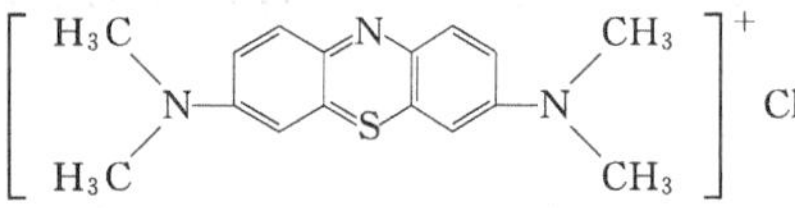

图 1 亚甲基蓝分子平面结构图

亚甲基蓝分子的平面结构如图 1 所示。阳离子大小为 $17.0 \times 10^{-10}\,m \times 7.6 \times 10^{-10}\,m \times 3.25 \times 10^{-10}\,m$。亚甲基蓝的吸附有三种趋向：平面吸附，投影面积为 $1.35 \times 10^{-18}\,m^2$；侧面吸附，投影面积为 $7.5 \times 10^{-19}\,m^2$；端基吸附，投影面积为 $3.95 \times 10^{-19}\,m^2$。对于非石墨型的活性炭，亚甲基蓝为端基吸附。根据实验结果推算，在单层吸附的情况下，1kg 亚甲基蓝覆盖的面积可按 $2.45 \times 10^6\,m^2$ 计算。

根据朗格缪尔单分子层吸附理论，当亚甲基蓝与活性炭达到吸附饱和后，吸附与脱附处于动态平衡，这时亚甲基蓝分子铺满整个活性炭粒子表面而不留下空位。此时吸附剂活性炭的比表面积可按式（1）计算：

$$S_0 = \frac{(c_0 - c)V}{m} \times 2.45 \times 10^6 \tag{1}$$

式中　　S_0——比表面积，m^2/kg；

$\quad\quad c_0$——原始溶液的浓度，kg/L；

$\quad\quad c$——平衡溶液的浓度，kg/L；

$\quad\quad V$——溶液的加入量，L；

$\quad\quad m$——吸附剂试样质量，kg；

2.45×10^6——1kg 亚甲基蓝可以覆盖活性炭样品的面积，m^2/kg。

本实验通过分光光度法测定溶液浓度。根据光吸收定律，当入射光为一定波长的单色光时，某溶液的吸光度与溶液中有色物质的浓度及溶液的厚度成正比，即：

$$A = -\lg(I/I_0) = \varepsilon L c \tag{2}$$

式中　　A——吸光度；

$\quad\quad I_0$——入射光强度；

$\quad\quad I$——透过光强度；

$\quad\quad \varepsilon$——吸光系数；

$\quad\quad L$——光径长度或液层厚度；

$\quad\quad c$——溶液浓度。

实验首先测定一系列已知浓度的亚甲基蓝溶液的吸光度，绘出 A-c 工作曲线，然后测定亚甲基蓝原始溶液及平衡溶液的吸光度，在工作曲线上查得相应的浓度，代入式（1）

计算活性炭比表面积。为了提高测量的灵敏度，工作波长应选择在吸光度 A 值最大时所对应的波长。对于亚甲基蓝，本实验所用的工作波长为 665nm。亚甲基蓝在可见光区有两个吸收峰：445nm 和 665nm。但在 445nm 处活性炭吸附对吸收峰有干扰，故选用 665nm。

四、仪器与试剂

SX2-4-13 箱式电阻炉一台（共用）

HY-3 多功能调速振荡器一台（共用）

722 型分光光度计及其附件一套

500mL 容量瓶 2 个

250mL 带塞磨口锥形瓶 1 个

50mL 移液管 1 支

10mL 刻度移液管 1 支

亚甲基蓝原始溶液（2g/L）

亚甲基蓝标准溶液（0.1g/L）

颗粒活性炭（非石墨型）若干

五、实验步骤

1. 活化样品

将颗粒活性炭置于瓷坩埚中，放入箱式电阻炉内，500℃下活化 1h（或在真空烘箱中 300℃下活化 1h），然后放入干燥器中备用。

2. 溶液吸附

取一只 250mL 带塞磨口锥形瓶，分别加入准确称量过的约 0.2g 的活性炭，加入 50mL 浓度 2g/L 的亚甲基蓝原始溶液，盖上磨口塞，然后放在振荡器上振荡 3h（或放置一夜），可认为吸附达到了平衡。

3. 配制亚甲基蓝标准溶液

用移液管分别移取 2mL、4mL、6mL、8mL、10mL 浓度为 0.1g/L 的标准亚甲基蓝溶液于 100mL 容量瓶中，用蒸馏水稀释至刻度，即得浓度分别为 2mg/L、4mg/L、6mg/L、8mg/L、10mg/L 的亚甲基蓝标准溶液。

4. 原始溶液的稀释

为了准确测定原始溶液的浓度，用移液管移取浓度为 2mg/L 的原始溶液 2.5mL 放入 500mL 容量瓶中，稀释至刻度。

5. 平衡溶液处理

样品振荡达到平衡后，将锥形瓶取下，用砂芯漏斗过滤，得到吸附平衡后滤液，取滤液 2.5mL，放入 500mL 容量瓶中，用蒸馏水稀释至刻度即为平衡稀释液。

6. 选择工作波长

对于亚甲基蓝溶液，吸附波长应选择为 665nm，但由于各台分光光度计波长略有差别，故可用 6mg/L 标准溶液在 600～700nm 范围测量吸光度，以吸光度最大时的波长作为工作波长。

7. 测量溶液吸光度

以蒸馏水为空白溶液，分别测量 2mg/L、4mg/L、6mg/L、8mg/L、10mg/L 的标准溶液以及稀释后的原始溶液和平衡溶液的吸光度。每个样品须测定三次，取平均值。

六、实验数据记录与处理

1. 数据记录（见表1）

表 1 亚甲基蓝溶液吸光度测定数据记录

亚甲基蓝溶液	吸光度 A			
	1	2	3	平均
2mg/L				
4mg/L				
6mg/L				
8mg/L				
10mg/L				
亚甲基蓝原始溶液				
达到吸附平衡后亚甲基蓝溶液				

2. 数据处理

① 绘制工作曲线。将 2mg/L、4mg/L、6mg/L、8mg/L、10mg/L 的标准溶液的吸光度对溶液浓度作图，即得工作曲线。

② 由实验测得的亚甲基蓝原始溶液和吸附达平衡后溶液的吸光度，从工作曲线上查得对应浓度，乘以稀释倍数 200，即为原始溶液浓度 c_0 和平衡后溶液浓度 c。

③ 根据公式(1)计算活性炭的比表面积。

七、注意事项

1. 测定溶液吸光度时，须用滤纸轻轻擦干比色皿外部，以保持比色皿暗箱内干燥。

2. 测定原始溶液和平衡溶液的吸光度时，应把稀释后的溶液摇匀再测。

3. 活性炭颗粒要均匀，每次称重的量应尽量接近。

4. 测量吸光度时要按从稀到浓的顺序，每个溶液要测 3～4 次，取平均值。

八、思考题

1. 为什么亚甲基蓝原始溶液浓度要选在 2g/L 左右，吸附后的亚甲基蓝溶液浓度要在 1g/L 左右？

2. 溶液产生吸附时，如何才能加快吸附平衡的到达？

3. 吸附作用与哪些因素有关？

九、讨论

固液吸附法测定结果误差一般为 10% 左右。产生误差的主要原因在于：吸附时非球形吸附层在各种吸附剂的表面取向并不一致，每个吸附分子的投影面积可以相差很远，所以，溶液吸附法测得的数值应当用其他方法进行校正。此法常用来测定大量同类样品的相对值，虽然误差较大，但比较实用。

本实验中亚甲基蓝是以端基吸附取向吸附在非石墨型的活性炭表面，每个吸附质分子在吸附剂上所占据的面积为 $\sigma_A = 3.95 \times 10^{-19} \, m^2$。若测定了吸附剂的比表面积 S_0，可以按照下式计算吸附剂的饱和吸附量 Γ_∞：

$$\Gamma_\infty = S_0/(L\sigma_A) \tag{3}$$

式中　L——阿佛伽德罗常数。

注：722 型分光光度计的使用方法，参见本书实验十五附的内容。

实验十八　胶体电泳速度及聚沉值的测定

一、实验目的

1. 了解电泳法测定电动电势的原理，掌握电泳法测定 $Fe(OH)_3$ 溶胶电动电势的方法。
2. 测定不同电解质溶液对溶胶的聚沉值，比较聚沉能力的差别。
3. 仔细观察溶胶的电泳现象，加深对溶胶电动现象的理解。

二、预习要求

1. 了解溶胶的特点和溶胶的制备方法。
2. 熟悉电泳的定义，了解影响电泳的因素。
3. 熟悉电动电势的概念，初步了解电泳法测定电动电势的原理和技术。

三、实验原理

溶胶是由难溶于水的固体微粒高度分散在水中所形成的胶体分散系统，其分散相胶粒的大小约在 $1\sim100nm$ 之间，具有高度分散性、多相性和聚沉不稳定性。

在胶体分散体系中，由于胶体本身的电离或胶粒对某些离子的选择性吸附，使胶粒的表面带有一定的电荷，因此存在电动现象，例如电泳、电渗、沉降电势、流动电势。电泳是在外加电场作用下，胶粒向异性电极做定向移动的现象。在溶胶粒子的双电层结构中，从紧密层外界面到溶液本体的电势差称为电动电势，用符号 ζ 表示，ζ 是表征胶体特性的重要物理量之一，对胶体体系的稳定性具有很大的影响。在一般溶胶中，ζ 数值愈小，则其稳定性愈差，当 ζ 为零时，胶体的稳定性最差，因此，无论是制备胶体还是破坏胶体，都需要了解所研究胶体的 ζ。

胶粒的电泳速度与电动电势的大小直接相关。原则上，任何一种胶体的电动现象都可用来测定 ζ，但最方便的还是电泳法。电泳法又分为两类，即宏观法和微观法。宏观法的原理是观察溶胶与另一不含胶粒的导电液体的界面在电场中的移动速度。微观法是直接观察单个胶粒在电场中的泳动速度。对高分散的溶胶，如 As_2S_3 溶胶或 Fe_2O_3 溶胶，或过浓的溶胶，不宜观察个别粒子的运动，只能用宏观法。对于颜色太浅或浓度过稀的溶胶，则适宜用微观法。本实验采用宏观法，也就是通过观察溶胶与另一种不含胶粒的导电液体（辅助液）界面在电场中的移动速度来测定电动电势。

电动电势 ζ 与胶粒的性质、介质成分及胶体的浓度有关。在指定条件下，ζ 的数值可根据亥姆霍兹方程式计算。即：

$$\zeta = \frac{\eta u}{\varepsilon_0 \varepsilon_r H} \tag{1}$$

$$u = \frac{d}{t} \tag{2}$$

$$H = \frac{E}{L} \tag{3}$$

式中　ζ——电动电势，V；

η——分散介质的黏度，Pa·s，不同温度下水的黏度请查阅附录表 8；

ϵ_r——分散介质的介电常数，不同温度下水的介电常数值请查阅附录表 8；

ϵ_0——真空的介电常数，8.85×10^{-12} F/m；

u——电泳速度，m/s；

d——胶粒移动的距离，m；

t——通电时间，s；

H——电位梯度，V/m；

E——外电场在两极间的电位差，V；

L——两极间的导电距离，m。

溶胶是高度分散的热力学不稳定体系。但由于胶粒表面带有电荷，因此具有一定程度的稳定性。当加入电解质时，溶胶体系的反号离子浓度增大，压缩了扩散层，使 ζ 降低，胶体的稳定性遭到破坏，引起溶胶发生聚沉，称为电解质对溶胶的聚沉作用。使溶胶发生明显聚沉所需电解质的最低浓度称为聚沉值，聚沉值可表示为：

$$C = \frac{c_{\text{电解质}} V_{\text{电解质}}}{V_{\text{电解质}} + V_{\text{溶胶}}} \quad (\text{mmol/L}) \tag{4}$$

式中　$V_{\text{电解质}}$——溶胶中加入电解质的体积，mL；

$c_{\text{电解质}}$——所加入电解质的浓度，mol/L；

$V_{\text{溶胶}}$——溶胶的体积，mL。

聚沉值的大小表示了电解质对溶胶的聚沉能力，聚沉值越小，聚沉能力越大。

四、仪器与试剂

DYY-1C 稳压电泳仪一套（U 形电泳管 1 支、铂电极 2 支）

放大镜一个

电子秒表一块

三角板 1 个

25mL 移液管 2 支

50mL 滴定管 2 支

250mL 锥形瓶 5 只

150mL 烧杯 1 个

Fe(OH)₃ 溶胶

0.01mol/L Na₂SO₄ 溶液

1mol/L NaCl 溶液

稀 KCl 溶液

五、实验步骤

1. Fe(OH)₃ 溶胶的制备

在 150mL 烧杯中放入 95mL 蒸馏水，加热至沸，慢慢地滴加 10% 的 FeCl₃ 溶液 5mL，并不断搅拌，控制在 4~5min 内滴完，然后再煮沸 1~2min，即制得棕红色 Fe(OH)₃ 溶胶，其胶团结构为：

$$\{[\text{Fe(OH)}_3]_m \cdot n\text{FeO}^+ \cdot (n-x)\text{Cl}^-\}^{x+} x\text{Cl}^-$$

2. Fe(OH)₃ 溶胶 ζ 的测定

U 形电泳管如图 1 所示。

先将待测胶体溶液 $Fe(OH)_3$ 小心地注入电泳 U 形管底部至适当地方（可与电极下端保持 3cm 左右距离），然后用滴管缓慢向电泳 U 形管的左右两臂对称地加 KCl 辅助液，一定要沿着管壁慢慢加入，避免振动电泳仪，以免弄混界面，使 KCl 辅助液与溶胶之间形成一个非常清晰的界面，U 形管左右两臂的 KCl 溶液量要相同。加好后，轻轻将铂电极插入液面，左右深度相同，记下溶胶界面的位置。把两铂电极接通直流电源，打开开关，调节电压为 30V。同时开始计时，记录时间 30min，到时间后关掉电源，立即记下胶体液面上升的位置，测定出胶粒移动的距离 d，然后量出两电极间的导电距离 L。

实验结束后，回收胶体溶液，把 U 形管冲洗干净，然后放满蒸馏水浸泡 U 形管。

3. 聚沉值的测定

移取 25mL 的 $Fe(OH)_3$ 溶胶于锥形瓶中，分别用 1mol/L 的 NaCl 和 0.01mol/L 的 Na_2SO_4 溶液滴定，每加一滴都要充分摇荡，至少 1min 内不出现混浊才可加第二滴，当 $Fe(OH)_3$ 溶胶刚出现稍许混浊时，即应停止滴定，记下所用电解质溶液的体积，每种电解质溶液至少重复滴定三次，取平均值。

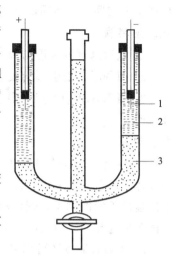

图 1　U 形电泳管
1—Pt 电极；2—KCl 辅助液；
3—$Fe(OH)_3$ 溶胶

六、实验数据记录与数据处理

1. 实验数据记录（见表 1、表 2）

表 1　实验数据（一）　　　　　　实验温度____℃

d/m	t/s	L/m	E/V	$\eta/Pa \cdot s$	ε_r

表 2　实验数据（二）

NaCl 溶液滴定消耗体积 V/mL				Na_2SO_4 溶液滴定消耗体积 V/mL			
V_1	V_2	V_3	$\bar{V}$	V_1	V_2	V_3	$\bar{V}$

2. 由实验数据计算电泳速度 u。

3. 计算出胶粒的 ζ，写出 $Fe(OH)_3$ 溶胶的胶团结构。

4. 计算 NaCl 和 Na_2SO_4 两种电解质对溶胶的聚沉值。

七、注意事项

1. 电泳仪一定要洗净，避免因杂质混入电解质溶液而影响溶胶的 ζ，甚至使溶胶凝聚。

2. 加辅助液前，应事先调节辅助液的电导率与溶胶的相近。

3. 电泳时间不宜过长。长时间通电会使溶胶及辅助液发热，接近电泳池管壁的溶胶或辅助液散热较管中间部分的溶液快，管子中间部分的溶胶或辅助液就较管壁附近溶液具有较高的温度，溶液因密度差引起对流将使界面不清晰。

4. 聚沉值测定过程中，在判断滴定终点时应与空白溶胶样品进行对比，以利于判断。

5. 量取两电极间的距离时，要沿电泳管的中心线量取。两电极间的距离要测量准确，界面上升的距离和所需时间也要精确测量，否则将带来误差。

八、思考题

　　1. 电泳速度的快慢与哪些因素有关？

　　2. 何种因素能引起溶胶聚沉？

　　3. 当 Na_2SO_4 溶液中混有 NaCl 时，所测 $Fe(OH)_3$ 溶胶的聚沉值将有何种偏差，为什么？

九、讨论

　　1. 界面移动法的困难之一是与溶胶形成界面的辅助溶液的选择。电泳实验中，辅助液与胶体的颜色反差要大，便于区分；辅助液正负离子迁移速率要相近，以克服两臂中上升和下降速度不等的困难；辅助液的密度要轻于胶体，这样界面容易清晰；辅助液的电导率要近于溶胶的电导率，以消除其间的电位梯度。

　　2. 本实验装置还可用来测定一些其他溶胶 ζ 和研究电解质浓度对溶胶 ζ 的影响，测定溶胶的等电点等。如果界面不能用肉眼看出，有时可使它在紫外光下发荧光而观察到，在此情况下仪器应用石英玻璃制作。

实验十九　　水溶性表面活性剂的临界胶束浓度的测定

一、实验目的

　　1. 掌握表面活性剂的特性、胶束的形成过程、临界胶束浓度的定义。

　　2. 掌握电导法测定十二烷基硫酸钠临界胶束浓度的原理和方法。

二、预习要求

　　1. 了解表面活性剂的特性、胶束的形成原理及临界胶束浓度的定义。

　　2. 了解测定临界胶束浓度的几种常用方法。

三、实验原理

　　表面活性剂是指由同时具有极性基团和非极性基团结构的分子组成的物质，具有润湿、乳化、去污、分散、增溶和起泡等多种作用，广泛应用于石油、煤炭、机械、化工、冶金、材料及轻工业和农业生产中。将表面活性剂溶于水中后，低浓度时在水中呈单分子状态分散，在溶液表面层发生定向排列。随着表面活性剂分子浓度的增加，溶液表面吸附量也逐渐增加，表面张力则逐渐下降。当溶液浓度加大到一定程度时，溶液表面就被一层表面活性分子所铺满，达到饱和吸附，这时溶液表面张力降至最小，继续增加浓度，表面活性剂分子已不能再进入溶液的表面层，为了能在溶液中稳定存在，其非极性部分会互相吸引，从而使得分子自发形成有序的聚集体，使非极性基团向里、极性基团向外，减少了非极性基团与水分子的接触，使体系能量下降，这种多分子有序聚集体称为胶束。随着表面活性剂在溶液中浓度的增加，胶束形状可以由球形转变成棒形，以致层状。

　　表面活性剂形成胶束的最低浓度称为临界胶束浓度（CMC）。形成胶束的表面活性剂溶液在溶液的性质与浓度的关系曲线上，位于临界胶束浓度处溶液的一系列物理化学性质发生一个比较明显的变化，出现了转折点，如图 1 所示。因此，可以通过测定溶液中表面活性剂浓度逐渐增大的过程中体系的某些物理性质的变化来测定 CMC。临界胶束浓度是量度表面活性剂表面活性的一项重要指标，因为 CMC 越小，则表示此种表面活性剂形成胶束所需的浓度越低，达到表面饱和吸附的浓度越低。也就是说，只要很少的表面活性剂就可起到润湿、乳化、增溶、起泡等作用。临界胶束浓度 CMC 值的测定已成为许多精细化学产品配方设计的基础和前提。同时在临界胶束浓度处溶液的很多性质将发生显著的变化，因此研究表面活性剂溶液内部胶束的形成及 CMC 的测定有着重要的实际意义。

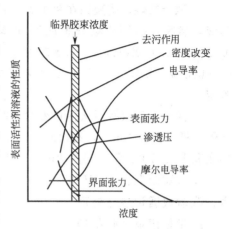

图1　十二烷基硫酸钠溶液
的性质和浓度的关系

电导法是测定离子型表面活性剂 CMC 的经典方法，简便可靠。但此法只限于离子型表面活性剂的测定。对于离子型表面活性剂溶液，当溶液浓度很稀时，电导的变化规律也和强电解质一样。但当溶液浓度达到临界胶束浓度时，随着胶束的生成，电导率发生突变，摩尔电导率下降，这就是电导法测定 CMC 的依据。如图2所示，曲线延长线交点处浓度即为所求 CMC。电导法对于有较高活性的表面活性剂准确性高，但过量无机盐存在会降低测定灵敏度，因此配制溶液应该用电导水或重蒸馏水。

本实验利用电导率仪测定不同浓度阴离子表面活性剂十二烷基硫酸钠（SDS）水溶液的电导率值（也可换算成摩尔电导率，在恒定的温度下，稀的强电解质水溶液中 $\Lambda_m = \kappa/1000c$，浓度 c 单位为 mol/L，电导率 κ 单位为 S/m，摩尔电导率 Λ_m 单位为 $S \cdot m^2/mol$），并作电导率值（摩尔电导率值）与浓度的关系图，从图2中的转折点求得临界胶束浓度。

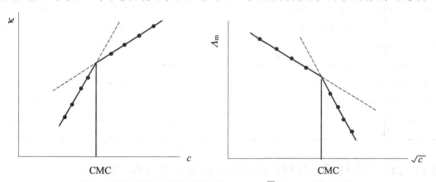

图2　离子型表面活性剂溶液中 $\Lambda_m\text{-}\sqrt{c}$ 和 $\kappa\text{-}c$ 的关系图

四、仪器与试剂

DDS-12A 型电导率仪一台

HH-501 型超级恒温水浴（数显）一台

AL204 型电子天平一台（共用）

50mL 容量瓶 10 个

50mL 锥形瓶 2 个

10mL 刻度移液管 1 支

20mL、25mL 移液管各 1 支

十二烷基硫酸钠（A.R.）

重蒸馏水

五、实验步骤

1. 打开电导率仪开关，预热 10min。调节恒温水浴温度至 25℃或其他合适温度。

2. 取十二烷基硫酸钠在 80℃烘 2h，先用重蒸馏水准确配制 0.02mol/L 的溶液若干作为母液，然后分别用移液管量取不同体积的此溶液，在 50mL 容量瓶中准确配制浓度为 0.002mol/L、0.006mol/L、0.007mol/L、0.008mol/L、0.009mol/L、0.010mol/L、0.012mol/L、0.014mol/L、0.018mol/L 的十二烷基硫酸钠溶液作为待测溶液，浓度 0.02mol/L 的溶液也用于测定。

3. 用电导率仪按照从稀到浓的顺序分别测定上述各溶液的电导率值。待测溶液测定前在恒温槽中恒温 15min，每次测定前先要用重蒸馏水清洗电极，并用下一个待测溶液润洗锥形瓶和电极三次，每个溶液的电导率平行测量三次，取其平均值。

4. 实验结束后，关闭电源，取出电极，用蒸馏水将其淋洗干净，再放入蒸馏水中保存。

六、实验数据记录与处理

1. 数据记录（见表 1）

表 1　数据记录

浓度 c/(mol/L)	浓度的平方根 $\sqrt{c}$/(mol/L)$^{1/2}$	电导率 κ/(S/m)	摩尔电导率 Λ_m/(S·m^2/mol)

2. 作 κ-c 和 Λ_m-$\sqrt{c}$ 的图，分别在各自延长线交点上找到 CMC 值。

文献值：40℃，$C_{12}H_{25}SO_4Na$ 的 CMC 为 8.7×10^{-3} mol/L。

七、注意事项

1. 配制溶液浓度应准确，否则影响 κ-c 和 Λ_m-$\sqrt{c}$ 的曲线图，从而影响 CMC 值的测定。

2. 电导法测定表面活性剂溶液的电导率，过量无机盐会使其灵敏度下降，故配制溶液和清洗电极时应使用重蒸馏水。

3. 清洗电导电极时，两个铂片不能有机械摩擦，可用重蒸馏水清洗后，用滤纸吸干，但不能使滤纸沾洗内部铂片，将水吸净可以保证溶液浓度的准确，电极在使用过程中其铂片必须完全浸入到所测溶液中。

八、思考题

1. 讨论不同 CMC 值测定方法的特点和适用的表面活性的类型。

2. 非离子型表面活性剂是否能用本方法测定 CMC 值？若不能，可用什么方法测定？

九、讨论

1. 测定 CMC 的方法很多，常用的有表面张力法、电导法、比色法（染料吸附法）、比浊法（增溶法）、光散射法等。这些方法中以表面张力法和电导法比较简便准确，原理上都是从溶液的物理化学性质随浓度变化关系出发求得。目前还有许多现代仪器方法测定 CMC，如荧光光度法、核磁共振法、导数光谱法等。

表面张力法是根据表面活性剂溶液的表面张力随溶液浓度的增大而降低，在 CMC 处将发生转折。以表面张力对表面活性剂浓度的对数作图，曲线转折点相对应的浓度即为 CMC，此法无论是对于高表面活性还是低表面活性的表面活性剂都具有相似的灵敏度，不受无机盐的干扰，对离子型和非离子型表面活性剂都适用。如果在表面活性剂中或溶液中含有少量长链醇、高级胺、脂肪酸等高表面活性的极性有机物时，溶液的表面张力与浓度对数曲线上的转折可能变得不明显，但出现一个最低值。这也是用以鉴别表面活性剂纯度的方法之一。

比色法（染料吸附法）是利用某些染料在水中和在胶束中的颜色有明显差别的性质，实验时先在大于 CMC 浓度的表面活性剂溶液中，加入很少的染料，染料被加溶于胶束中，呈现某种颜色。然后用水滴定稀释此溶液，直至溶液颜色发生显著变化，这时的浓度即为 CMC。

比浊法（增溶法）是利用表面活性剂对烃类物质的增溶作用，而引起溶液浊度的变化来测定。在小于 CMC 的表面活性剂稀溶液中，烃类物质的溶解度很小，而且基本上不随表面活性剂浓度而变，但当浓度超过 CMC 后，由于大量胶束的形成，使不溶的烃类物质溶在胶束中，即发生增溶作用。根据前后溶液浊度的变化，可测出表面活性剂的 CMC 值。

光散射法的原理是当光线通过表面活性剂溶液时，如果溶液中有胶束粒子存在，则一部分光线将被胶束粒子所散射，因此散射光强度即浊度可反映溶液中有表面活性剂胶束的形成。以溶液浊度对表面活性剂浓度作图，在到达 CMC 时，浊度将急剧上升，因此曲线转折点即为 CMC。利用光散射法还可测定胶束大小，推测其缔合数等，但测定时应注意环境的洁净，避免灰尘的污染。

2. 通过本实验有利于加深对表面活性剂溶液性质的理解，并学会一种临界胶束浓度的测定方法。同时通过调节恒温槽的温度，可测定表面活性剂溶液在不同温度时的临界胶束浓度，根据下式：

$$\frac{\mathrm{dlnCMC}}{\mathrm{d}T} = -\frac{\Delta H}{2RT^2} \tag{1}$$

还可求出胶束生成的热效应 ΔH 值，进而对临界胶束浓度与温度的关系进行研究。

注：DDS-12A 型电导率仪使用方法详见本书第二部分实验八附。HH-501 型超级恒温水浴（数显）使用方法见本书第二部分实验四。

实验二十　黏度法测定水溶性高聚物的摩尔质量

一、实验目的
1. 了解黏度法测定高聚物摩尔质量的基本原理和方法。
2. 掌握用乌氏黏度计测定高聚物溶液黏度的原理和方法。

二、预习要求
1. 了解乌氏黏度计的结构及使用方法。

2. 了解常用测定高聚物摩尔质量的原理和方法。

三、实验原理

高聚物摩尔质量不仅反映了高聚物分子的大小，而且直接关系到它的物理性能，是个重要的基本参数。与一般的无机物或低分子的有机物不同，高聚物分子是一类特殊的大分子，同一高聚物溶液中，由于分子的聚合度不同，每个高聚物分子的大小并非都相同，致使高聚物的摩尔质量大小不一，且没有一个确定的值，常采用高聚物分子的平均摩尔质量来反映高聚物的某些特征。平均摩尔质量的表示方法也有多种，如数均摩尔质量、重均摩尔质量、黏均摩尔质量、Z 均摩尔质量等。可以通过不同的方法测定，不同方法所得也有所不同。比较起来，黏度法设备简单，操作方便，适用范围广（摩尔质量 $10^4 \sim 10^7$），并有很好的实验精度，是常用的方法之一。用此法求得的平均摩尔质量称为黏均摩尔质量。

黏度是液体流动时内摩擦力大小的反映。测定黏度的方法主要有：①毛细管法（测定液体在毛细管里的流出时间）；②落球法（测定圆球在液体里下落速度）；③旋筒法（测定液体与同心轴圆柱体相对转动的情况）等。测定高聚物溶液的黏度以毛细管法最方便，本实验采用乌氏黏度计测量高聚物稀溶液的黏度。

高聚物在稀溶液中的黏度是它在流动过程所存在的摩擦力大小的反映，这种流动过程中的内摩擦主要有：溶剂分子之间的内摩擦；高聚物分子与溶剂分子间的内摩擦；以及高聚物分子间的内摩擦。其中溶剂分子之间的内摩擦又称为纯溶剂的黏度，以 η_0 表示；三种内摩擦的总和称为高聚物分子间的内摩擦，以 η 表示。在相同温度下，通常高聚物溶液的黏度大于纯溶剂黏度。黏度增加的分数叫增比黏度，以 η_{sp} 表示：

$$\eta_{sp} = \frac{\eta - \eta_0}{\eta_0} = \eta_r - 1 \tag{1}$$

式中，η_r 称为相对黏度，定义为溶液黏度与纯溶剂黏度的比值，即

$$\eta_r = \frac{\eta}{\eta_0} \tag{2}$$

η_r 反映的也是黏度行为，而 η_{sp} 表示的则是已扣除了溶剂分子间的内摩擦效应的黏度行为。

高聚物的增比黏度 η_{sp} 往往随浓度 c（g/100mL）的增加而增加。为了便于比较，将单位浓度所显示的增比黏度 η_{sp}/c 称为比浓黏度，而 $\frac{\ln \eta_r}{c}$ 称为比浓对数黏度。在足够稀的高聚物溶液里，η_{sp}/c 与 c、$\frac{\ln \eta_r}{c}$ 与 c 之间分别符合下述直线关系式：

$$\eta_{sp}/c = [\eta] + \kappa [\eta]^2 c \tag{3}$$

$$\frac{\ln \eta_r}{c} = [\eta] - \beta [\eta]^2 c \tag{4}$$

式中，κ 和 β 为常数。通过 η_{sp}/c 对 c、$\frac{\ln \eta_r}{c}$ 对 c 作图，外推至 $c \to 0$ 时所得的截距即为 $[\eta]$。$[\eta]$ 称为特性黏度，它反映的是高分子与溶剂分子之间的内摩擦，其数值取决于溶剂的性质以及高聚物分子的大小和形态。显然，对于同一高聚物，由上面两个线性方程作图外推所得截距应交于同一点，如图 1 所示。这也可校核实验的可靠性。由于实验中存在一定误差，交点可能在前，也可能在后，也有可能两者不相交，出现这种情况，就以 η_{sp}/c 对 c 作图求出特性黏度 $[\eta]$。

当高聚物、溶剂、温度等确定以后，$[\eta]$ 值只与高聚物的摩尔质量 M 有关。目前常用

半经验的麦克非线性方程来求得：

$$[\eta] = kM^{\alpha} \tag{5}$$

式中　M——黏均摩尔质量；

　　　k——比例系数；

　　　α——与高聚物在溶液中的形态有关的经验
　　　　　参数。

对聚乙二醇：25℃时，$k = 2.00 \times 10^{-4}$，$\alpha = 0.76$；
30℃时，$k = 6.66 \times 10^{-4}$，$\alpha = 0.64$；35℃时，$k = 16.6 \times 10^{-4}$，$\alpha = 0.64$。

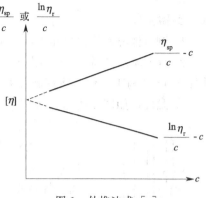

图 1　外推法求 $[\eta]$

　　由此可见，用黏度法测定高聚物摩尔质量，关键在于 $[\eta]$ 的求得。当液体在重力作用下流经毛细管时，遵守泊塞勒定律：

$$\eta = \frac{\pi r^4 pt}{8Vl} = \frac{\pi h \rho g r^4 t}{8Vl} \tag{6}$$

式中　t——体积为 V 的液体流经毛细管的时间；

　　　l——毛细管的长度。

　　用同一支黏度计在相同条件下测定两种液体的黏度时，它们的黏度之比就等于密度与流出时间之比：

$$\frac{\eta_1}{\eta_2} = \frac{\rho_1 t_1}{\rho_2 t_2} \tag{7}$$

　　如果用已知黏度为 η_1 的液体作为参考液体，则待测液体的黏度 η_2 可通过上式求得。

　　在测定溶液和溶剂的相对黏度时，如果是稀溶液（$c < 1 \times 10\text{kg/m}^3$），溶液的密度与溶剂的密度可近似地看作相同，则相对黏度可以表示为：

$$\eta_r = \frac{\eta}{\eta_0} = \frac{t}{t_0} \tag{8}$$

式中　η、η_0——溶液和纯溶剂的黏度；

　　　t、t_0——溶液和纯溶剂的流出时间。

　　实验中，只要测出不同浓度下高聚物的相对黏度，即可求得 η_{sp}、η_{sp}/c 和 $\frac{\ln \eta_r}{c}$。作 η_{sp}/c 对 c、$\frac{\ln \eta_r}{c}$ 对 c 的关系图，外推至 $c \rightarrow 0$ 时即可得 $[\eta]$，在已知 k、α 值条件下，可由式(5)计算出高聚物的摩尔质量。

四、仪器与试剂

　　HH-501 型超级恒温水浴（数显）1 台

　　乌氏黏度计 1 个

　　101-2B 型烘箱一台（共用）

　　电子秒表 1 块（0.1s）

　　10ml 移液管 2 支

　　100ml 容量瓶 1 个

　　洗耳球 1 个

　　聚乙二醇（A.R.）

正丁醇（A. R.）

五、实验步骤

1. 调节恒温水浴温度至 25℃±0.05℃。

2. 称取聚乙二醇 0.5g，用 100mL 容量瓶配成 $c_0 = 0.5g/100mL$ 聚乙二醇原始水溶液，并加入 1～2 滴正丁醇。将配制好的聚乙二醇溶液和溶剂（蒸馏水）放入恒温水浴恒温。

3. 黏度计如图 2 所示，将其洗净烘干，垂直放置，使 G 球完全浸入在恒温水中，放置位置要合适，便于观察液体流动情况。

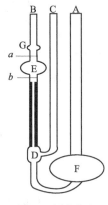

图 2　乌氏黏度计示意图

4. 用移液管准确移取已恒温好的蒸馏水自 A 管注入黏度计中，将 C 管上的橡皮管用夹子夹紧使之不通气，在 B 管上接洗耳球慢慢抽气，将溶液从 F 球经 D 球、毛细管、E 球抽至 G 球一半左右停止抽气，打开 C 管上的夹子让 C 管通大气，此时 D 球内的溶液即回入 F 球，使毛细管以上的液体悬空，毛细管内液体同 D 球分开。毛细管以上的液体下落，用秒表测定液面由刻度 a 移动至刻度 b 所需时间即为 t_0，重复测定三次，每次相差不超过 0.2s，取平均值。如果时间相差过大，则应检查毛细管有无堵塞现象，查看恒温水浴温度是否恒定良好。

5. 测完纯溶剂 t_0 后，取出黏度计，倒出溶剂，烘干。再用移液管注入已恒温好的浓度为 $c_0 = 0.5g/100mL$ 的聚乙二醇原始溶液 10mL。用上述方法测定流出时间 t 三次，每次相差不超过 0.2s，求出平均值；然后从 A 管加入 5mL 蒸馏水，用洗耳球将溶液反复抽吸至 G 球内几次，使混合均匀，溶液浓度得以稀释，再测定流出的时间。同理依次加入 5mL、10mL、10mL 蒸馏水进行稀释，测定溶液流出的时间（如果最后一次溶液太多混匀后可倒出一部分）。

6. 实验结束后，将溶液倒入瓶内，用蒸馏水仔细洗净黏度计，放置烘箱烘干，备用。

六、实验数据记录与处理

1. 数据记录（见表 1）

表 1　流出时间数据记录　　　　　　恒温槽温度：_____

样品	流出时间 t/s			
	t_1	t_2	t_3	$t_{平均}$
蒸馏水				
聚乙二醇原始溶液				
＋5mL 蒸馏水				
＋5mL 蒸馏水				
＋10mL 蒸馏水				
＋10mL 蒸馏水				

2. 数据处理

① 计算不同浓度聚乙二醇溶液的增比黏度 η_{sp} 和相对黏度 η_r。

② 作 η_{sp}/c-c 及 $\ln\eta_r/c$-c 曲线，并外推到 $c \rightarrow 0$ 求得截距即得 $[\eta]$。这一过程可以用计算机处理完成。在对实验数据做线性拟合时，可使用 Origin 软件。

③ 由所用溶剂和温度条件下的 k 和 a 值，计算聚乙二醇的黏均摩尔质量。

七、注意事项

1. 黏度计安装前必须用洗液和蒸馏水洗净烘干。注意防止灰尘、纤维、油污等堵塞毛细管。高聚物溶液中若有絮状物不能将它移入黏度计中。安装黏度计要垂直，应远离加热器和搅拌器，测定时恒温槽搅拌器停止搅拌以防震动。实验过程中也不要触动黏度计。

2. 消泡用正丁醇，加入一滴或几滴即可。

3. 高聚物在溶剂中溶解缓慢，配制溶液时必须保证其完全溶解，否则会影响溶液起始浓度，而导致结果偏低。

4. 所用溶剂必须先在与溶液所处同一恒温槽中恒温，然后用移液管准确量取并混合均匀方可测定。抽吸溶液时注意控制抽吸速度，不要在毛细管内形成气泡。

八、思考题

1. 黏度计毛细管的粗细对实验结果有何影响？

2. 乌氏黏度计中 C 管的作用是什么？能否去除 C 管改为双管黏度计使用？

3. 为什么 $\lim(\eta_{sp}/c)=\lim(\ln\eta_r/c)$，特性黏度 $[\eta]$ 是怎样测定的？

4. 黏度法测定高聚物的摩尔质量有何局限性？该法适用的高聚物摩尔质量范围是多少？

九、讨论

测定高聚物摩尔质量的方法很多，黏度法具有设备简单、操作方便、准确度较高等优点，因而成为一种工业生产和科学研究中测定高聚物摩尔质量广泛应用的方法。但黏度法不是测定摩尔质量的绝对方法，因为此法中对不同高聚物、不同溶剂、不同分子量范围，就要用不同的特性黏度与摩尔质量的经验方程式，并且所用经验方程式中的有关常数是需用其他方法来确定的。

在特性黏度测定过程中，有时由于高聚物本身的结构及其在溶液中的形态会出现各种异常现象，这并非是操作不慎所导致，目前尚不能清楚地解释产生这些反常现象的原因。因此出现异常现象时，可以 η_{sp}/c 对 c 作图由截距求出特性黏度 $[\eta]$。

随着溶液浓度增加，高聚物分子之间的距离逐渐缩短，因而分子间作用力增大。当溶液浓度超过一定限度时，高聚物溶液的 $\eta_{sp}/c\text{-}c$ 及 $\ln\eta_r/c\text{-}c$ 的关系不成线性。因此测定时要求最浓溶液和最稀溶液与溶剂的相对黏度 η_r 在 2.0～1.2 之间。

温度波动直接影响溶液黏度的测定，国家规定用黏度计测定摩尔质量的恒温槽的温度波动为 $\pm0.05℃$。由于受屋内季节温度变化影响，可能导致测量的数据与理论值存在系统偏差。

注：HH-501 型超级恒温水浴（数显）使用方法见本书第二部分实验四。

第3部分　物理化学实验的基本知识与技术

1　热效应测量技术与仪器

热化学是研究能量相互转换和传递规律的科学。热量在相互转换和传递过程中涉及许多数据，这些数据在研究热化学中具有重要的理论和实用意义。当体系从始态到终态发生能量变化时，在热化学上称为体系的热效应。当始态的能量高于终态的能量时是一个放热反应，反之，当始态的能量低于终态的能量时是一个吸热反应。热效应的大小是通过温度的测量来实现的。温度是表征宏观物质体系状态的一个基本物理量。不同温度的物体相互接触时，必然有能量以热能的形式由高温物体传向低温物体，即两个物体能量相等，其温度就相同。这就是温度测量的基础。温度的量值与温标的选定有关。温度的量度有两种温标，即相对温标和绝对温标。在此将根据物理化学实验的需要对温标、温度计、热效应测量技术作简单的介绍。

1.1　温标、温度测量与温度计

1.1.1　温标

温度的数值表示方法称为温标。要确立一种温标应包括选择测温仪器、确定固定点和对分度方法的规定。下面介绍几种最常用的温标。

1.1.1.1　摄氏温标

摄氏温标也称为相对温标。是以水银-玻璃温度计来测定水的相变点，在标准大气压下，以水的冰点（0℃）和沸点（100℃）为两个定点，定点间分为100等分，每1等分为1度（1°），标上温标"C"记为1℃。摄氏温度的符号为 t。

1.1.1.2　热力学温标

热力学温标也称开尔文温标，又叫绝对温标。是以热力学第二定律为基础的。热力学温标用单一固定点定义。1954年确定以水的三相点温度273.16K作为热力学温标的基本固定点，水的三相点到绝对零度之间的 1/273.16 为热力学温标的1K。热力学温度的符号为 T，单位符号为K。水的三相点热力学温度为273.16K。

在定义热力学温标时，规定水的三相点热力学温度为273.16K，因而水的沸点和凝固点之差仍保持100K。这就使热力学温标与摄氏温标之间只差一个常数。因此以热力学温标对摄氏温标重新定义，即：

$$t/℃ = T/K - 273.16 \tag{1-1}$$

根据这个定义，273.16K为摄氏温标零度的热力学温度值，它与水的凝固点不再有直接联系，开尔文温度与摄氏温度的分度值相同，因此，温度差可以用K表示也可以用℃表示。

1.1.1.3　国际实用温标

最早建立的国际温标是1927年第七届国际计量大会提出并采用的（简称ITS-27）。半个多世纪来，经历了几次重大修改，使国际温标日趋完善。现行温标是"1968 年国际实用温标（1975 年修订版）"，简称 IPTS-68（75）。1975 年又将测温范围扩展到 0.519K，用 EPT-76 表示。

1968 年国际实用温标规定：热力学温度符号 T，单位开尔文（K），1 开尔文等于水的三相点热力学温度的 $\dfrac{1}{273.16}$，它的摄氏温度符号 t，单位摄氏度（℃），定义为：

$$t_{68} = T_{68} + T_0 \tag{1-2}$$

式中，$T_0 = 273.15\text{K}$。

1968 年国际实用温标的内容（也是定义）包括三方面：即定点、插补公式和标准仪器。

国际实用温标是以某些纯物质各相间可复现的平衡态（定义固定点）温度的给定值，以及在这些温度上分度的标准仪器作为基础的。固定点之间的温度由内插公式确定。这些定点的名称、平衡状态和给定值详见本书附录表 15。除了定点外，还有其他一些参考点可利用，它们和定点相类似，也是某纯物质的三相点，或在标准大气压下系统处于平衡态的温度值，这些参考点称为次级参考点。有关内容详见本书附录表 16。

国际实用温标规定，整个温标（13.81～1337.58K 以上）从低温到高温划分成四个温区，在各温区分别采用不同的插补公式和标准仪器。标准仪器在定点上分度，而定点间由插补公式建立标准仪器示值与国际实用温标值之间的关系。

我国从 1973 年元旦起正式采用 IPTS-68。

1.1.2 温度测量

温度是表征物体冷热程度的一个常用的物理量。温度参数是不能直接测量的，一般只能根据物质的某些特性值与温度之间的函数关系，通过对这些特性参数的测量间接地获得。

测量温度的仪表称为温度计。温度计的种类很多，通常按照它们的测量方式分为接触式与非接触式两类。

所谓接触式，即两个物体接触后，在足够长的时间内达到热平衡（动态平衡），两个互为热平衡的物体温度相等。如果将其中一个选为标准，当作温度计使用，它就可以对另一个实现温度测量，这种测温方式称为接触式测温。

所谓非接触式，即选为标准并当作温度计使用的物体，与被测物体相互不接触，利用物体的热辐射（或其他特性），通过对辐射量或亮度的检测实现测量，这种测温方式称为非接触式测温。

如果按照温度计的用途又可分为温度测量温度计和温差测量温度计两类。

1.1.3 温度计

1.1.3.1 玻璃温度计

（1）液体温度计　通常所说的液体温度计也称为液体-玻璃温度计。这种温度计是以液体作为测温物质，由于玻璃的膨胀系数很小，而毛细管又均匀，所以测温液体的体积变化可用长度改变量表示，在毛细管上直接标出温度值。液体温度计要达到热平衡需时较长，特别是在体系降温的测量中常会发生滞后现象，但其结构简单，读数方便，如酒精温度计仍是现今使用最为普遍的一种液体温度计。

（2）水银温度计　水银-玻璃温度计是摄氏温标的基础。水银的膨胀系数在相当大的温度范围内变化很小，而且水银温度计结构简单，价格便宜，具有较高的精确度，直接读数，使用方便。因此在众多的液体温度计中，水银温度计的使用最为广泛。但是这种玻璃的温度计易损坏，损坏后无法修理。

① 水银温度计的种类和使用范围　水银温度计使用范围为 $-35\sim360℃$（水银的熔点是 $-38.7℃$，沸点是 $356.7℃$），如果采用石英玻璃，并充以 80×10^5Pa 的氮气，则可将上限温度提至 $800℃$。如按温度计的刻度和量程范围不同，还可以分为以下几类。

一般常用的，量程范围在 $-5\sim105℃$、$-5\sim150℃$、$-5\sim250℃$、$-5\sim360℃$ 等，每分度 $1℃$ 或 $0.5℃$。

供量热学用的，量程范围在 $9\sim15℃$、$12\sim18℃$、$15\sim21℃$、$18\sim24℃$、$20\sim30℃$ 等，每分度 $0.01℃$。目前广泛使用间隔为 $1℃$ 的量热温度计，每分度 $0.002℃$。

由多支温度计配套而成。量程范围 $-10\sim200℃$，分段温度计共有 24 支。每支温度范围 $10℃$，每分度 $0.1℃$，另外还有 $-40\sim400℃$，每隔 $50℃$ 一支，每分度 $0.1℃$。

② 水银温度计使用注意事项

在对温度计进行读数时，注意应使视线与液柱面处于同一平面（水银温度计按凸面之最高点读数）。

为防止水银在毛细管上附着，读数时应用手指轻轻弹动温度计。

注意温度计测温时存在延迟时间，一般情形下温度计浸在被测物质中 $1\sim6min$ 后读数，延迟误差是不大的，但在连续记录温度计读数变化的实验中要注意这个问题。

温度计尽可能垂直放置，以免因温度计内部水银压力不同而引起误差。

水银温度计是很容易损坏的仪器，使用时应严格遵守操作规程。万一温度计损坏，内部水银洒出，应严格按"汞的安全使用规程"处理。

（3）电接点温度计　电接点温度计可以在某一温度点上接通或断开，与电子继电器等装置配套，可以用来控制温度。电接点温度计的控温精度通常为 $\pm0.1℃$，电接点温度计允许通过的电流很小，约为几个毫安以下，是不能同加热器直接相连的。在电接点温度计和加热器中间需要加一个中间媒介，即电子管继电器。

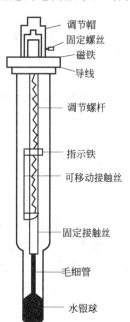

电接点温度计结构如图 1-1 所示。下部有一个水银球，毛细管内有两根接触丝，一根是固定的，直接与水银连通，另一根是可移动的，通过旋转顶部的磁铁可使它上下移动，两根接触丝与继电器相接。当温度升高时，水银膨胀使水银面与可以移动接触丝相碰，则两根接触丝在水银内构成通路，则有电流通过继电器内铁芯线圈使之具有磁性，而将接触簧片吸下，通电加热器的电路被切断，不再加热。温度下降时使水银收缩，水银面与可移动接触丝脱离，则两根接触丝成为断路，继电器的铁芯线圈内无电流通过，而失去磁性，小弹簧片拉回接触加热器的电路，重新加热。通常装有指示灯于继电器上，指示电加热器是否在加热。

调节帽
固定螺丝
磁铁
导线
调节螺杆
指示铁
可移动接触丝
固定接触丝
毛细管
水银球

图 1-1　电接点温度计结构示意图

1.1.3.2　气体温度计

气体温度计是复现热力学温标的一种重要方法，计温学领域中普遍采用定容气体温度计。这是由于压强测量的精度高于容积测量的精度，同时定容气体温度计又具有较高的灵敏度。气体温度计多用于精密测量。

1.1.3.3　声学温度计

在低温端，另一种测量热力学温度的重要方法是测量声波在气体（氦气）中的传播速度，这种测温仪器有时称为超声干涉仪。由于声速是一个内含量，它与物质的量多少无关。所以用声学温度计测量温度的方法有很大吸引力。

1.1.3.4 噪声温度计

噪声温度计是一种很有发展前途的测量热力学温度的绝对仪器。目前，国际上正在进行研究的有两种噪声温度计，即测温到1400K的高温噪声温度计和十几开尔文到几十毫开尔文的低温噪声温度计。

1.1.3.5 光学高温计和辐射高温计

用直接接触法测金点（1064.43℃）以上的温度是困难的，不仅要求测温元件难熔，而且要求有良好的稳定性和足够的灵敏度。因而金点以上的温度测量常用非接触法。利用物体的辐射特性来测量物体的温度。即辐射高温计和光学高温计。

对于4000K以上的高温气体，常用谱线强度方法来测量温度。

1.1.4 温差测量温度计

对于体系的热量变化过程来说，体系温度差的精确测量往往比准确测量体系温度更加重要。贝克曼温度计就是常作为测量温差的仪表。水银贝克曼温度计现在已逐渐被数字贝克曼温度计（温差仪）所代替。

1.1.4.1 水银贝克曼温度计

（1）结构和原理 测温差的贝克曼温度计，是一种移液式的内标温度计，其结构如图1-2所示。它的测量范围是－20～＋150℃，专用于测量温度差值，不能作温度值绝对测量。贝克曼温度计的结构特点是底部的水银储球大，顶部有一个辅助水银储槽，用来调节底部水银量，所以同一支贝克曼温度计可用于不同温区。在温度计主标尺上，通常只有0～5℃或（0～6℃）的刻度范围，标尺上的最小分度值是0.01℃，可以读到±0.002℃。由于储液球中水银量是按照测温范围进行调整的，所以每支贝克曼温度计在不同温区的分度值是不同的。当储液球中水银量增多，同样有1℃的温差，毛细管中的水银柱将会升得比主标尺上示值差1℃要高，相反，如果储液球中水银量减少，这时水银柱升高够不上主标尺的1℃，因而贝克曼温度计不同的温区所得的温差读数必须乘上一个校正因子，才能得到真正的温度差，这一校正因子称为在该温区的平均分度值 r。

（2）储液球水银量的调整方法 根据实验的需要，贝克曼温度计测量范围不同，必须把温度计的毛细管中的水银面调整在标尺的合适范围内。例如贝克曼温度计测定凝固点降低，在纯溶剂的凝固温度时，水银面应在标尺的1℃附近。因此在使用贝克曼温度计时，首先应该将它插入一个与所测起始温度相同的体系内。待平衡后，如果毛细管内水银面在所要求的合适刻度附近，就不必调整。否则应按下述步骤进行调整。

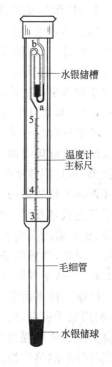

水银储槽

温度计
主标尺

毛细管

水银储球

图1-2 贝克曼温度计

若储液球中水银量过多，毛细管内水银面如图1-3（a）所示时，把贝克曼温度计与另一支普通温度计一起插入盛水烧杯中。烧杯中水温应调节至所需的调试温度。设 t 为实验欲测的起始摄氏温度，在此温度下欲使贝克曼温度计中毛细管水银面在1℃附近，则使烧杯中水温为 $t'=(t+4)+R$（R 为 $a\sim b$ 这一段毛细管所相当的温度，约为

2℃)。待平衡后,如图 1-3(b)所示,用右手握住贝克曼温度计中部,从烧杯中取出(离开实验台),立即用左手沿温度计的轴向轻敲右手手腕,使水银在 b 点处断开(注意 b 点处不得有水银滞留)。这样就使得体系的起始温度恰好在贝克曼温度计的1℃附近。

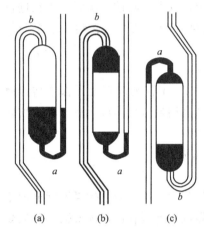

图 1-3　贝克曼温度计水银面

如储液球中水银量过少,用右手握住温度计中部,将温度计倒置,用左手轻敲右手手腕,此时储液球中水银会自动流向辅助储槽,与辅助储槽中的水银相连接,如图 1-3(c)所示。连好后将温度计正置,按上面所述方法调节水银量。

1.1.4.2　数字贝克曼温度计

数字贝克曼温度计与一般的水银贝克曼温度计相比,具备测量精度高,测量范围宽,操作简单等优点。不会破损污染环境,并能和微机直接联结完成温度、温差的检测,实现自动化控制等许多优点。其使用方法和注意事项详见本书第二部分实验三附相关内容。

1.2　热效应测量技术与仪器

热化学的数据主要通过量热实验获得,量热实验所用的仪器为量热计。根据量热计的测量原理可以分为补偿式和温差式两大类。

1.2.1　补偿式量热法

体系热效应的变化将引起体系温度的变化,补偿式量热方法的测定是把研究体系置于一等温量热计中,这种量热计的研究体系与环境之间进行热交换时,两者的温度始终保持恒定,并且与环境温度相等。反应过程中研究体系所放出的或吸收的热量依赖恒温环境中的某物理量的变化所引起的热流给予连续的补偿。利用相变潜热或电子控温是常用的两种方法。

1.2.1.1　相变补偿量热法

相变补偿量热法是将一反应体系置于固液平衡体系中,其热效应将使部分固体转化为液体或使部分液体凝固。如将一反应体系置于冰水浴中(冰量热计)。研究体系被一层纯的固体冰包围,而且固体冰与液相水处于相平衡。研究体系发生放热反应时,则部分冰融化为水,只要知道冰单位质量的熔化焓,测出熔化冰的质量,就可以求得所放出的热量。反之,如果研究体系发生吸热反应,也同样可以通过增加的质量求得热效应,这种量热计除了冰-水为环境介质外,也可采用其他类型的相变介质。这种量热计测量简单,热损失小,灵敏度及准确度高都较高。但是,热效应是处于相变温度这一特定条件下发生的,局限了这类量热计的适用范围。

1.2.1.2　电子控温法

当研究体系所发生的物理或化学变化过程是一个吸热反应时,可将体系置于一液体介质中,利用电子控温,使介质温度保持恒定。这类量热计的工作原理与恒温水浴相似,其不同之处是加热器所消耗的电功可由电压(V)、电流(I)和时间(t)的精确测量求得。如不考虑体系介质与外界的热交换,这时所吸的热量可由测量电加热器中的电流 I 和电压 V 直接求得:

$$\Delta H = Q_p = \int V(t)I(t)dt \tag{1-3}$$

显然,介质温度可根据需要设定,可用数字温差温度计显示温度波动的情况。只要介质恒温理想,焓变的测量值就可靠。

1.2.2　温差式量热法

研究体系在热量计中发生热效应时,如果与环境之间不发生热交换,热效应会导致量热计的温度发生变化，通过在不同时间测量温度变化即可求得反应热效应。

1.2.2.1　绝热式量热计

这类量热计的研究体系与环境之间应不发生热交换，这当然是理想状态。但环境与体系之间不可能不发生热交换，因此所谓绝热式量热计只能近似视为绝热。氧弹式量热计结构图示和工作原理详见本书第二部分实验一相关内容。

当一个放热反应在绝热量热计中进行时，量热计与研究体系的温度会发生变化。如果能知道量热计的各个部件，工作介质及研究体系的总体热容，就可以方便地从其总体的温度变化求出反应过程放出的热量：

$$Q_V = E_{量热计} \Delta T \tag{1-4}$$

式中　$E_{量热计}$——量热计热容量，它包括构成量热计的各个部件，工作介质及研究体系的总体热容；

ΔT——根据时间变化而测量出的温差。

整个实验过程中，体系与环境的热交换即热损耗是在所难免。因此 $E_{量热计}$ 必须用已知热效应值的标准物质在相同的实验条件下进行标定，再用恩特公式法或雷诺作图法予以修正。绝热式量热计结构简单，计算方便，应用较广，适用于测量反应速度较快，热效应较大的反应。

1.2.2.2　热导式量热计

此类量热计是量热容器放在一个容量很大的恒温金属块中，并且由导热性能良好的热导体把它紧密接触联系起来。当量热器中产生热效应时，一部分热使研究体系温度升高，另一部分由热导体传递给环境（恒温金属块），只要测出量热器与恒温金属块之间的温差随时间的变化就可作图。有关详细介绍可参考相关资料。

2　压力测量技术与仪器

2.1　压力计

在物理化学中，物质的许多性质如沸点、熔点、蒸气压等物理量都与压力有关。压力是描述体系宏观状态的一个重要参数之一，在 SI 制中的单位为帕斯卡（Pa）。

测量压力的仪器称为压力计，其种类很多。本书这里仅介绍大气压计（福廷式气压计）、U 形管压力计和数字精密压力计。

2.1.1　大气压计

2.1.1.1　福廷式汞气压计的构造原理

实验室常用的大气压计为福廷式汞气压计，它是以汞柱来平衡大气压的，是单管真空汞压力计。其构造见图 2-1 所示，其主要结构为一个长 90cm、上端封闭的玻璃管，管中盛有汞，倒置于下部汞槽中，玻璃管中汞面上部绝对真空。汞槽底部由一羚羊皮袋作为汞储槽封住，它与大气相通，但汞不会漏出。为了调节汞面的高度，在底部设置有一调节螺丝，可以借调整下部的螺丝使羚羊皮袋上下移动，从而调整下部汞储槽中汞面的高度，使之刚好与固定在槽顶的象牙针尖接触，象牙针的尖端是黄铜标尺刻度的零点，这就是测定汞柱高的基准面。盛汞玻璃管装于具有刻度的黄铜外管中，黄铜管上部的读数部分，相对两边开有槽缝，通过槽缝可观察玻璃管中的汞面。在相对的槽缝中装有可上下滑动的游标，利用游标尺读

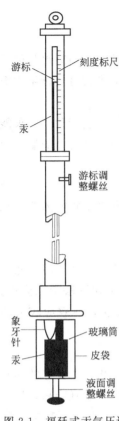

图 2-1 福廷式汞气压计

数，读数的精度可达 0.1mm 或 0.05mm。

当大气压力与汞储槽内的汞面作用达到平衡时，汞就会在玻璃管内上升到一定的高度，通过测量汞的高度，就可确定大气压的读数。

2.1.1.2 福廷式气压计的使用方法

气压计必须垂直安装，否则就会发生读数偏差。如常压下偏离垂直位置1度，则相对汞柱高度的读数误差大约为 0.015%。读取气压计读数时可按下列步骤进行。

① 读出附于气压计上的温度读数。

② 慢慢旋转气压计底部调整螺丝，使汞储槽内的汞面升高与象牙针刚好接触。

③ 调整控制游标上下移动的螺丝，将其上升到较汞面略高，然后缓慢下降，直到眼睛看到游标前边缘，后边缘和汞弯月面三者均在一平面上（刚好相切），按游标尺零点对准的下面一个刻度读出压力的毫巴（或毫米）整数部分，再按游标尺与刻度尺重合得最好的一条线，以游标尺上读出毫巴（或毫米）的小数部分。

2.1.1.3 福廷式气压计读数的校正

当气压计的汞柱与大气压力平衡时，则 $p=gdh$，但汞的密度 d 与温度有关，重力加速度 g 随测量地点不同而会有差异。因此规定以温度为 0℃，重力加速度 $g=9.80665\text{m/s}^2$ 条件下的汞柱为标准来度量大气压力，此时汞的密度 $d=13.5951\text{g/m}^3$。凡是不符合上述规定所读的大气压力值，除对仪器校正外，在精密的测量工作中还必须进行温度、纬度和海拔高度的校正。

（1）仪器误差校正 由于汞的表面张力引起的误差，汞柱上方残余气体的影响，以及压力计制作时的误差，在出厂时都已作了校正。在使用时，由气压计上读得的示值，应先按制造厂商所附的仪器误差校正卡上的校正值进行校正。

（2）温度校正 在对气压计进行温度校正时，除考虑汞的密度随温度变化的因素外，还要考虑标尺随温度的线性膨胀。那么，温度校正后的校正值可由式(2-1)计算得到：

$$\Delta t=H_t-H_0=-\frac{tH_t(\alpha-\beta)}{1+\alpha t} \tag{2-1}$$

式中 Δt——温度校正值；

$\quad H_t$——温度 t 时的大气压力读数；

$\quad \beta$——黄铜的线膨胀系数，为 0.0000184/℃；

$\quad H_0$——温度 0℃ 的大气压力读数；

$\quad \alpha$——汞的体膨胀系数，为 0.0001818/℃；

$\quad t$——所在地温度的读数，℃。

将 α、β 值代入式(2-1)，简化可得：

$$H_0=H_t(1-0.000163t) \tag{2-2}$$

（3）纬度和海拔高度的校正 国际上用水银气压计测量大气压计时，是以纬度 45° 的海平面上重力加速度为准的。而实验时各地区纬度不同，海拔不同，则重力加速度值也就不同，故要作纬度、海拔的进一步校正，重力加速度的校正值可由式(2-3)计算得到：

$$H_g = H_0(1-2.6\times10^{-3}\cos2L)(1-3.14\times10^{-7}h) \tag{2-3}$$

式中　H_g——重力加速度的校正值；

　　L——当地纬度，(°)；

　　H_0——已校正到 0℃ 的气压读数；

　　h——海拔，m。

（4）高度差的校正　气压计下部汞面与实验进行的所在地存在高度差引起的误差。按高于地面 10m，气压减小 1.2mbar 计算。

2.1.1.4　福廷式气压计使用注意事项

① 调节螺旋时动作要缓慢，不可旋转过急。

② 在调节游标尺与汞柱凸面相切时，应使眼睛的位置与游标尺前后下沿在同一水平线上。

③ 发现汞槽内水银不清洁，要及时更换水银。

2.1.2　U 形管压力计

在物理化学实验室里，U 形管压力计是常用的压力计。其优点是结构简单、容易制作、使用方便、测量精度较高；其缺点是结构不牢固、测量范围较小、耐压程度较差。

U 形管压力计是由两端开口的 U 形玻璃管固定在垂直放置的刻度尺上组成的。管内盛放适量的工作液体如汞、水等，U 形管一端连接已知压力（p_1）的基准系统如大气压，另一端连接到被测压力（p_2）系统。被测系统的压力 p_2 可由下式计算得到：

$$p_1-p_2=\rho g\Delta h \tag{2-4}$$

式中　Δh——被测系统与基准系统液面高度差；

　　ρ——工作液面的密度；

　　g——重力加速度。

压力差 p_1-p_2 可用液面差 Δh 来量度，若 U 形管的一端与大气相通，则可测量系统的压力与大气压力的差值。

此外应注意，在实验室中用玻璃管 U 形汞压力计测量压差时，也要进行读数修正。简便起见，对玻璃管 U 形汞压力计可只作汞的体膨胀修正：

$$H_0=\frac{H_t}{1+0.00018t} \tag{2-5}$$

式中　H_0——已校正到 0℃时的气压读数；

　　H_t——温度 t 时的气压读数；

　　t——汞压计所在地的温度；

　0.00018——汞的体膨胀系数。

2.1.3　数字电子压力计

目前，数字电子压力计已得到广泛的应用。物理化学实验室常用于测量负压（0～100kPa）的 DP-A 精密数字压力计就属于这种压力计。其仪器体积小、操作简单、显示直观，在较宽的环境温度范围内具有保证准确度和长期稳定性等优点，克服了水银 U 形管压力计中汞有毒等缺点，是物理化学实验的理想仪器。

DP-A 型精密数字压力计由传感器、测量电路和电性指示器三部分组成，内部采用 CPU 对压力传感数据进行非线性补偿和零位自动校正。压力传感器主要由波纹管、应变梁、和半导体应变片组成。电桥线路如图 2-2 所示，当压力计接通电源后，在 AB 端输入适当电压，

先调节零点电位器 R_x 使电桥平衡，这时传感器内压力与外压相等，压力差为零。但连接负压系统后，负压经波纹管产生一个应力，使应变梁发生形变，半导体应变片的电阻值发生变化，电桥失去平衡，从 CD 端输出一个与压力差相关的电压信号，用数字电压表或电位计测得。若对传感器进行标定，得到的输出信号与压力差之间的比例关系为 $\Delta p = kV$，此压力差通过电性指示器记录显示。

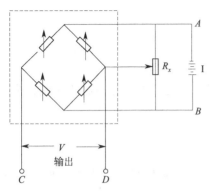

图 2-2　负压传感器电桥线路

其中 DP-AF 型精密数字压力计为低真空压力计，适用于负压测量，在本书中可在"饱和蒸气压测定"实验中替代 U 形管水银压力计使用；DP-AW 精密数字压力计为微压差压力计，适用于正、负微压测量，在本书中可在"最大气泡法测量表面张力"实验中替代 U 形管水差压力计对微小压力差进行测定。两种型号精密数字压力计的使用方法和注意事项是相同的，详见本书第二部分实验二附相关内容。

2.2　高压气瓶与使用技术

物理化学实验中用到的高压仪器主要是高压储气钢瓶和一般受压的玻璃仪器。因为高压容器处于受压状态，所以，使用时应严格遵守操作规程。

2.2.1　高压气瓶分类及色标

压缩气体通常都是充装在高压钢瓶中。高压气瓶由无缝碳素钢或合金钢制成，瓶内有一定压力。若受日光直晒或靠近热源，瓶内气体由于受热膨胀，压力迅速上升，当超过钢瓶耐压强度时，容易引起钢瓶破裂而发生爆炸。按其所存储的气体及工作压力进行分类，见表 2-1 所示。

表 2-1　标准高压气瓶型号分类

气瓶型号	用途	工作压力/(kgf/cm²)	试验压力/(kgf/cm²)	
			水压试验	气压试验
150	装氢、氧、氮、氩、甲烷、压缩空气	150	225	150
125	装二氧化碳、纯净水煤气	125	190	125
30	装氨、氯、光气	30	60	30
6	装二氧化硫	6	12	6

注：1kgf/cm²＝98.0665kPa。

每个气瓶在肩部用钢印打有制造厂和检验单位标记：

制造厂　　　　　　　　　　制造日期

气瓶型号、编号　　　　　　气瓶重量

气体容积　　　　　　　　　工作压力

水压试验压力　　　　　　　水压试验日期及下次送检日期

可燃性压缩气体的泄露也会造成危险。如氢气泄漏或含氢尾气排放时，当氢气与空气混合后浓度达到 $4.1\%\sim74.2\%$ 时，遇明火都会发生爆炸。氢气与氧气、氯气与乙炔相遇会发生危险事故。为了避免各种钢瓶使用时发生混淆，常将钢瓶漆上不同颜色，写上瓶内气体名称。各类气瓶的规定色标见表 2-2 所示。

表 2-2 常用高压气瓶色标

气体名称	瓶身颜色	字样	字样颜色	腰带颜色	阀门出口螺纹
氧气瓶	天蓝	氧	黑		正扣
氢气瓶	深绿	氢	红	红	反扣
氮气瓶	黑	氮	黄	棕	正扣
纯氦气瓶	灰	纯氦	绿		反扣
氦气瓶	棕	氦	白		正扣
压缩空气瓶	黑	压缩气	白		正扣
氩气瓶	黄	氩	蓝		正扣
二氧化碳气瓶	黑	二氧化碳	黄	黄	正扣
氯气瓶	草绿	氯	白	白	正扣
乙炔瓶	白	乙炔	红		反扣

2.2.2 高压气瓶使用注意事项

① 各种高压气体钢瓶必须定期送有关部门检查。一般气体的钢瓶至少三年必须送检一次，充腐蚀性气体钢瓶至少每两年送检一次，合格者才能充气。

② 钢瓶搬运时，要戴好钢瓶帽和橡皮腰圈，轻拿轻放。要避免撞击和剧烈振动，以防爆炸，放置和使用时，必须用架子或铁丝固定牢靠。

③ 钢瓶应存放在阴凉、干燥、远离热源的地方，避免明火和阳光暴晒。钢瓶受热后，气体膨胀，瓶内压力增大，易造成漏气，甚至爆炸。可燃性气体钢瓶与氧气钢瓶必须分开存放。氢气钢瓶最好远离实验楼单独存放，以确保安全。

④ 钢瓶上不得沾染油类及其他有机物，特别在气门出口和气表处，更应保持清洁，不可用棉麻等物堵漏，以防燃烧引起事故。

⑤ 使用气体钢瓶，一般要用减压阀。各种减压阀中，只有 N_2、O_2 的减压阀可以相互通用外。其他的只能用于规定的气体，不能混用，以防爆炸。

⑥ 可燃性气体如 H_2、C_2H_2 等钢瓶的阀门是左旋螺纹，即逆时针方向拧紧；非燃性或助燃性气体如 O_2 等钢瓶的阀门是右旋螺纹，即顺时针拧紧。开启阀门时应站在气表一侧，以防减压阀万一被冲出受到击伤。

⑦ 可燃性气体要有防回火装置。有的减压阀已附有此装置，也可在导气管中填装铁丝网防止回火，在导气管中加接液封装置也可起防护作用。

⑧ 不可将钢瓶中的气体全部用完，一定要留 0.05MPa 以上的残留压力。可燃性气体 C_2H_2 应剩余 0.2～0.3MPa（约 2～3kgf/cm² 表压），H_2 应保留 2MPa，以防重新充气发生危险。

2.2.3 气表的作用与使用

氧气减压阀俗称氧气表，其结构如图 2-3 所示。阀腔被减压阀门分为高压室和低压室两部分。前者通过减压阀进口与氧气瓶连接，气压可由高压表读出，表示钢瓶内的气压；低压室经出口与工作系统连接，气压由低压表给出。当顺时针方向（右旋）转动减压阀手柄时，手柄压缩主弹簧，进而传动弹簧垫块、薄膜和顶杆，将阀门打开。高压气体即由高压室经阀门减压后进入低压室。当达到所需压力时，停止旋转手柄。停止用气时，逆时针（左旋）转动手柄，使主弹簧恢复自由状态，阀门封闭。

减压阀装有安全阀，当压力超过许可值或减压阀发生故障时即自动开启放气。

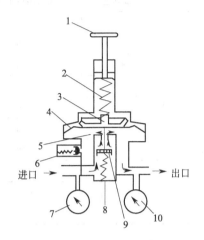 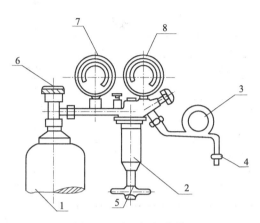

图 2-3 减压阀的结构

1—手柄；2—主弹簧；3—弹簧垫块；4—薄膜；5—顶杆；6—安全阀；7—高压表；8—弹簧；9—阀门；10—低压表

图 2-4 减压阀的安装

1—氧气瓶；2—减压阀；3—导气管；4—接头；5—减压阀旋转手柄；6—总阀门；7—高压表；8—低压表

2.2.4 氧气钢瓶的使用

按图 2-4 将氧气减压阀与氧气瓶安装好。使用前，逆时针方向转动减压阀手柄至放松位置。此时减压阀关闭。打开总压阀，高压表读数指示钢瓶内压力（表压）。用肥皂水检查减压阀与钢瓶连接处是否漏气。不漏气则可顺时针旋转手柄，减压阀门即开启送气，直到所需压力时，停止转动手柄。

停止用气时，先关钢瓶阀门，并将余气排空，直至高压表和低压表均指到"0"。反时针转动手柄至松的位置。此时减压阀关闭，保证下次开启钢瓶阀门时，不会发生高压气体直接冲进充气体系，起到保护减压阀调节压力的作用，以免失灵。

2.3 受压玻璃仪器与使用技术

物理化学实验室的受压玻璃仪器包括高压或真空实验用的玻璃仪器，装载水银的容器、压力计，以及各种保温容器等。这类仪器在使用时必须注意以下几点。

① 受压玻璃仪器的器壁应足够坚固，不能用薄壁材料或平底烧瓶之类的器皿。

② 物理化学实验中常用液氮作为获得低温的手段，在将液氮注入真空容器时要注意真空容器可能发生破裂，不要将脸靠近容器的正上方。

③ 使用真空玻璃系统时，开启或关闭活塞时，都应两手操作，一手握活塞套，另一手缓缓旋转内塞，务必使玻璃系统各部分不产生力矩，防止扭裂。要注意任何一个活塞的开启、关闭都不要影响系统的其他部分，操作时应特别小心，谨防在系统内形成高温爆鸣气混合物或让爆鸣气混合物进入高温区。在用真空系统进行低温吸附实验时，当吸附剂吸附大量吸附质气体后，不能先将装有液氮的保温瓶从盛放吸附剂的样品管处移去，而应先启动真空泵对系统进行抽空，然后移去保温瓶。因为一旦先移去低温的保温瓶，又不及时对系统抽空，则被吸附的吸附质气体，由于吸附剂温度的升高，会大量脱附出来，导致系统压力过

大，使 U 形压力计中的水银冲出或引起封闭玻璃系统爆裂。

④ 供气流稳压用的玻璃稳压瓶，其外壳应裹以布套或细网套。

⑤ 负压下的玻璃容器或系统，在拆卸或打开之前，必须冷却至室温，并小心缓慢地放入空气。

3 折射率的测定技术与仪器

折射率是物质的重要物理常数之一。测定物质的折射率可以定量地分析溶液的浓度或检验物质的纯度。阿贝折射仪就是根据光的全反射原理设计测量折射率的仪器，它是利用全反射临界角的测定方法来测定透明、半透明液体或固体未知物质的折射率。实验室常用的阿贝折射仪有双镜筒和单镜筒两种。

3.1 折射率与物质浓度的关系

溶液折射率的变化与溶液的浓度、测试温度、所用溶剂、溶质的性质以及它们的折射率等因素有关。一般情况下，当其他条件不变，溶质的折射率小于溶剂的折射率时，浓度愈大，折射率愈小；反之浓度愈小，折射率愈大。如异丙醇溶解在环己烷中的浓度愈大，其折射率愈小；蔗糖溶解在水中的浓度越大，折射率就越大，所以通过测定蔗糖水溶液的折射率，也就可以定量的测出蔗糖水溶液的浓度。

许多纯的物质具有一定的折射率，如果纯的物质中含有杂质，其折射率就会发生变化，偏离纯物质的折射率偏离越大，杂质越多。纯物质溶解在溶剂中折射率也会发生变化。

测定某物质溶液的折射率，可以确定其浓度，方法如下。

① 制备一系列已知浓度的样品，分别测定各浓度的折射率。

② 以浓度 c 与折射率 n_D^t 作图得一工作曲线。

③ 测未知浓度样品的折射率，在工作曲线上可以查得未知浓度样品的浓度。

用折射率测定样品的浓度所需样品量少，操作简单方便，读数准确。通过测定某些物质的折射率，还可以算出其摩尔折射度，从而有助于研究物质的分子结构。

3.2 双镜筒阿贝折射仪的工作原理与使用技术

3.2.1 2W 型阿贝折射仪的工作原理

阿贝折射仪可以测定液体的折射率，也可以测量固体物质的折射率，还可用于糖溶液中含糖量浓度的测定。2W 型阿贝折射仪其结构外形如图 3-1 所示。该仪器由望远镜系统和读数系统两部分组成，分别由测量镜筒和读数镜筒进行观察，属于双镜筒折射仪。

单色光从一种介质进入另一种介质（两种介质的密度不同）时，光线在通过界面时改变了方向，即发生了折射现象，如图 3-2 所示。

根据折射率定律，入射角 i 和折射角 r 的关系为：

$$\frac{\sin i}{\sin r} = \frac{n_2}{n_1} = n_{1,2} \tag{3-1}$$

式中　n_1，n_2——介质 N_1 和介质 N_2 的折射率；

$\quad\quad\quad n_{1,2}$——介质 N_2 对介质 N_1 的相对折射率。

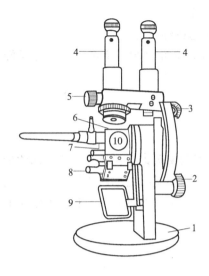

图 3-1 2W 型阿贝折射仪

1—基座；2—阿贝棱镜组刻度盘手轮；3—读数照
明反射镜；4—望远镜；5—阿米西棱镜调节手轮；
6—棱镜组锁紧扳手；7—阿贝棱镜组；8—恒温
器接头；9—反光镜；10—全反射照明窗口

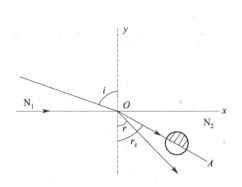

图 3-2 光的折射

若介质 N_1 为真空，因规定 $n=1.00000$，故 $n_{1,2}=n_2$ 为绝对折射率。但介质 N_1 通常用空气的绝对折射率为 1.00029，这样得到的各物质的折射率称为常用折射率，也可称为对空气的相对折射率。同一种物质的两种折射率表示法之间的关系为：

$$绝对折射率＝常用折射率×1.00029$$

由式(3-1) 可知，当 $n_1 < n_2$ 时，折射角 r 恒小于入射角 i。当入射角增大到 90°时，折射角也相应增大到最大值 r_c，称为临界角。此时介质 2 中从 OY 到 OA 之间有光线通过为明亮区，而 OA 到 OX 之间无光线通过为暗区，临界角 r_c 决定了半明半暗分界线的位置。当入射角 i 为 90°时，式(3-1) 可写为：

$$n_1 = n_2 \sin r_c \tag{3-2}$$

因而在固定一种介质时，临界折射角 r_c 的大小与被测物质的折射率呈简单的函数关系，阿贝折射仪就是根据这个原理而设计的。图 3-3 是 2W 型阿贝折射仪光学系统的示意图。它的主要部分由两块折射率为 1.75 的玻璃直角棱镜构成。辅助棱镜的斜面是粗糙的毛玻璃，测量棱镜是光学平面镜。两者之间约 0.1～0.15mm 厚度空隙，用于装待测液体，并使液体展开成一薄层。当光线经过反光镜反射至辅助棱镜的粗糙表面时，发生漫散射，以各种角度透过待测液体，因而从各个方向进入测量棱镜而发生折射，其折射角都落在临界角 r_c 之内。因为棱镜的折射率大于待测液体

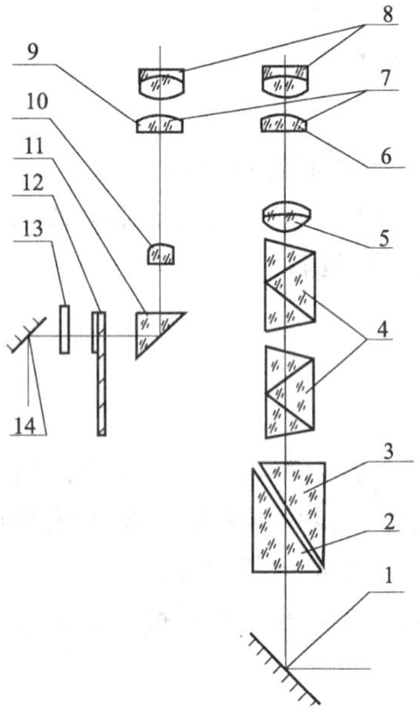

图 3-3 2W 型阿贝折射仪
光学系统示意图

1—反光镜；2—辅助棱镜；3—测量
棱镜；4—消色散棱镜；5—物镜；
6—分划板；7，8—目镜；9—分划板；
10—物镜；11—转向棱镜；12—照明度盘；
13—毛玻璃；14—小反光镜

的折射率，因此入射角从 0°～9° 的光线都通过测量棱镜发生折射。具有临界角 r_c 的光线从测量棱镜出来反射到目镜上，此时若将目镜十字线调节到适当位置，则会看到目镜上呈半明半暗状态。折射光都应落在临界角 r_c 内，成为亮区，其他为暗区，构成了明暗分界线。

由式 (3-2) 可知，若棱镜的折射率 $n_{棱}$ 为已知，只要测定待测液体的临界角 r_c，就能求得待测液体的折射率 $n_{液}$。事实上测定 r_c 值很不方便，当折射光从棱镜出来进入空气又产生折射时，折射角为 r_c'，$n_{液}$ 与 r_c' 间有如下关系：

$$n_{液} = \sin\beta \sqrt{n_{棱}^2 - \sin^2 r_c'} - \cos\beta \, \sin r_c' \tag{3-3}$$

式中 β——常数；

  $n_{棱} = 1.75$。

测出 r_c' 即可求出 $n_{棱}$。由于设计折射仪时已经把读数 r_c' 换算成 $n_{液}$ 值，只要找到明暗分界线时其与目镜中的十字线吻合，就可以从标尺上直接读出液体的折射率。

阿贝折射仪的标尺除标有 1.300～1.700 折射率数值外，在标尺旁边还标有 20℃ 糖溶液的百分浓度的读数，可以直接测定糖溶液的浓度。

在指定的条件下，液体的折射率因所用单色光的波长不同而不同。若用普通白光作光源（波长 400～700nm），由于发生色散而在明暗分界线处呈现彩色光带，使明暗交界不清楚，故在阿贝折射仪中还装有两个各有三块棱镜组成的阿密西（Amici）棱镜作为消色散棱镜（又称补偿棱镜）。通过调节消色散棱镜，使折射棱镜出来的色散光线消失，使明暗分界线完全清晰，这时所测得的液体折射率相当于用钠光 D 线（589nm）所测得的折射率 n_D。

3.2.2　2W 型阿贝折射仪的操作方法

① 阿贝折射仪放在光亮处，用超级恒温槽将恒温水通入棱镜夹套内，温度读数以折射仪上温度计显示为准。

② 扭开测量棱镜和辅助棱镜的闭合旋钮，并转动镜筒，使辅助棱镜斜面向上，滴几滴丙酮清洁辅助棱镜，然后用擦镜纸顺单一方向轻擦镜面。

③ 在辅助棱镜的毛玻璃面上用滴管滴入 2～3 滴待测液体，合上棱镜并扭紧闭合旋钮。若待测样品是挥发性很强的液体，将两棱镜闭合，可把样品液体从两棱镜合缝处的加液小孔注入，快速进行测定。

④ 转动镜筒使其垂直，调节反射镜使入射光进入棱镜，同时调节目镜，使目镜中十字线清晰明亮后，再调节读数螺旋，使目镜中呈现半暗场状态。

⑤ 调节消色棱镜至目镜彩色光带消失，再调节读数螺旋，使明暗界面恰好落在十字线的交叉处。如又呈现微色散，还必须重调消色棱镜，直到明暗界面清晰。

⑥ 从望远镜中读出标尺的数值，同时记下温度，则 n_D^t 为该温度下待测液体的折射率。每一样品需重测三次，三次误差不超过 0.0002，最后取其平均值。

⑦ 测试完毕，要立即在棱镜上滴几滴丙酮擦洗上下棱镜，晾干后用擦镜纸夹在两镜面间，以防镜面损坏。

⑧ 阿贝折射仪不能测定有腐蚀性的液体，如强酸、强碱以及氟化物等。

3.2.3　2W 型阿贝折射仪的校正

折射仪的标尺零点有时会发生移动，因而在使用阿贝折射仪前需用标准物质校正其零点。

每台折射仪出厂时都附有一已知折射率的"玻块"和一小瓶 1-溴萘。滴一滴 1-溴萘在玻块的光面上，然后把玻块的光面附着在测量棱镜上，不需合上辅助棱镜，但要打开测量棱镜背面的小窗，使光线从小窗口射入，就可进行测定。如果测得的值与玻块的折射率值有差异，此差值为校正值，可以用钟表螺丝刀进行，使测得值与玻块的折射率相等。

这种校正零点的方法，也是使用该仪器测定固体折射率的方法，只要将被测固体代替玻块进行测定。

在实验中一般用纯水作标准物质（$n_D^{25} = 1.3325$）来校正零点。在精密测量中需在所测量的范围内用几种不同折射率的标准物质进行校正考察标尺刻度间距是否正确，把一系列的校正值画成校正曲线，以供测量对照校正。

3.3 单镜筒阿贝折射仪的工作原理与使用技术

3.3.1 BM-2WAJ 阿贝折射仪的工作原理

BM-2WAJ 折射仪是将望远系统与读数系统合并在同一个镜筒内，通过同一目镜进行观察，属于单镜筒折射仪。BM-2WAJ 阿贝折射仪结构图 3-4 所示。

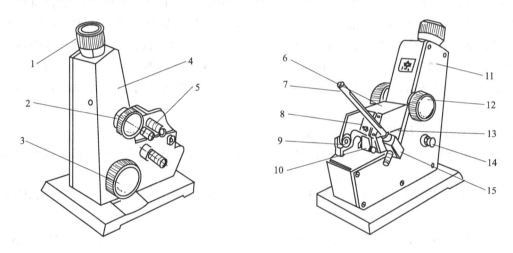

图 3-4 BM-2WAJ 阿贝折射仪结构示意图

1—目镜；2—色散调节手轮；3—折射率刻度调节手轮；4—壳体；5—恒温水接头；6—进光棱镜座；
7—温度计；8—遮光板；9—连接转轴；10—反射镜；11—盖板；12—锁紧手轮；
13—折射棱镜座；14—聚光镜；15—温度计座

BM-2WAJ 阿贝折射仪工作原理与 2W 型折射仪相似，在此不再详述。BM-2WAJ 型阿贝折射仪光学系统示意图如图 3-5 所示。

3.3.2 BM-2WAJ 阿贝折射仪的操作方法

打开阿贝折射仪的棱镜，滴几滴丙酮清洁棱镜的镜面，用镜头纸顺单一方向轻擦镜面。然后用干净滴管滴加 1～2 滴待测样品于折射镜表面，并将进光棱镜盖上，用棱镜锁紧手轮，要求待测样品液层均匀，充满视场，无气泡。然后打开遮光板，合上反射镜，调节目镜视度，使十字线成像清晰，此时旋转折射率刻度调节手轮，并在目镜视场中找到明暗分界线的位置。若出现彩带，则旋转色散调节手轮，使明暗界限清晰。调节折射率刻度调节手轮，使分界线对准十字线交点。适当转动刻度盘聚光镜，此时目镜视场下方显示的示值即为被测液体的折射率。记录读数及温度，再重复测量读数两次，取三次读数的平均值。测定完毕，打

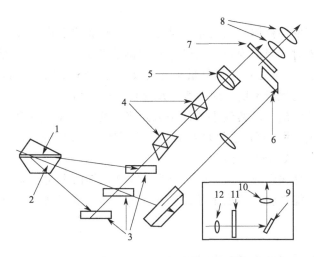

图 3-5　BM-2WAJ 型阿贝折射仪光学系统示意图

1—进光棱镜；2—折光棱镜；3—摆动反光镜；4—消色散
棱镜组；5—望远物镜组；6—平行棱镜；7—分划板；8—目镜；
9—读数物镜；10—反光镜；11—刻度板；12—聚光镜

开棱镜，用丙酮擦净镜面。

3.3.3　BM-2WAJ 阿贝折射仪的校正

在折射棱镜的抛光面上加 1～2 滴 1-溴代萘，再贴上标准试样的抛光面，当读数视场指示值与标准试样上的折射率相同时，观察望远镜内明暗线是否在十字线中间，若有偏差，则用螺丝刀微旋转物镜调节螺丝孔中的螺丝钉，带动物镜偏转，使分界线像位移至十字线中心。通过反复地观察与校正，使示值的起始误差降至最小。校正完毕后，在以后的测定过程中不允许随意再动此部位。

3.4　温度和压力对折射率的影响

液体的折射率是随温度变化而变化的，多数液态的有机化合物当温度每升高 1℃ 时，其折射率下降 $3.5 \times 10^{-4} \sim 5.5 \times 10^{-4}$。纯水在 15～30℃ 之间，温度每升高 1℃，其折射率下降 1×10^{-4}。若测量时要求准确度为 $\pm 1 \times 10^{-4}$，温度应控制在 $t \pm 0.10℃$，此时阿贝折射仪需要有超级恒温槽配套使用。

压力对折射率有影响，但不明显，只有在精密的测量中，才考虑压力的影响。

3.5　阿贝折射仪的保养注意事项

① 仪器在使用时不得曝于日光中，应放置在阴凉、干燥、空气流通的室内。

② 由于阿贝折射仪设置有消色散棱镜，可使复色光转变为单色光。因此，可直接利用日光测定折射率，所得数据与用钠光时所测得的数据一样。

③ 测定之前，一定要用镜头纸醮少许易挥发性溶剂将棱镜擦净，以免其他残留液存在而影响测定结果。

④ 仪器使用后要做好清洁工作，用丙酮或 95% 的乙醇洗净镜面并晾干。并将仪器放入箱内，箱内应有干燥剂硅胶，防止仪器受潮。

⑤ 要注意保护折射仪的棱镜，不能在镜面上造成划痕，不可测定强酸或强碱等具有腐

蚀性的液体。

⑥ 如果测定易挥发性液体，滴加样品时可由棱镜侧面的小孔加入。

⑦ 在测定折射率时，当出现色散光带，则需调节棱镜微调旋钮直至彩色光带消失，然后再调节棱镜调节旋钮；若是由于样品量不足所致，需再添加样品，重新测定。

⑧ 如果读数镜筒内视场不明，应检查小反光镜是否开启。

⑨ 经常保持仪器清洁，严禁油手或汗手触及光学零件。如光学零件表面有灰尘，可用高级麂皮或脱脂棉轻擦后，再用洗耳球吹去。如光学零件表面有油垢，可用脱脂棉蘸少许汽油轻擦后，再用二甲苯或乙醚擦干净。

⑩ 仪器应避免强烈振动或撞击，以防止光学零件损伤而影响精度。

⑪ 阿贝折射仪不能在较高温度下使用；对于易挥发或易吸水样品测量比较困难；对样品的纯度要求较高。

4 旋光度的测定技术与仪器

许多物质具有旋光性，如酒石酸晶体、石英晶体、蔗糖、葡萄糖、果糖的水溶液等。所谓旋光性就是指某一物质在一束平面偏振光通过时，能使其偏振方向转过一个角度的性质，这个角度被称为旋光度。当平面偏振光通过具有旋光性的物质时，使偏振光的振动面向左旋某一角度的物质称为左旋物质，向右旋某一角度的物质称为右旋物质。旋光仪就是利用测定平面偏振光通过具有旋光性的物质时，旋光度的方向和大小，鉴定其物质结构，对溶液来说，还可以测定旋光物质的浓度。

4.1 旋光度与物质浓度的关系

旋光物质的旋光度，除了与旋光物质固有的性质有关外，还与测定时的温度、光经过物质的厚度、光源的波长等因素有关。若被测物质是溶液，当温度、光经过物质的厚度、光源波长恒定时，其旋光度与溶液的浓度成正比。

（1）测定旋光物质的浓度　先将已知纯度的标准样品或参考样品按一定比例稀释成若干不同浓度的试样，分别测出其旋光度，而后以浓度为横轴，以旋光度为纵轴，绘制成旋光曲线 c-α。测定时，先测出未知浓度样品的旋光度，根据旋光度在旋光曲线 c-α 上查出该样品的浓度或含量。

（2）根据物质的比旋光度测出物质的浓度　由于实验条件的不同会引起物质的旋光度有很大的差异，所以又提出了比旋光度的概念。人为规定以钠光 D 线作为光源，温度为 20℃，样品管长为 10cm，浓度为每立方厘米中含有 1g 旋光物质，此时所产生的旋光度即为该物质的比旋光度，通常用符号 $[\alpha]_D^t$ 表示。D 表示光源，t 表示温度。

$$[\alpha]_D^t = \frac{10a}{Lc} \tag{4-1}$$

比旋光度是度量旋光物质旋光能力的一个常数。

根据被测物质的比旋光度，可以测出该物质的浓度，其方法如下。

① 选择一定长度（10cm）的旋光管。

② 从手册上查出被测物质的比旋光度 $[\alpha]_D^t$。

③ 在 20℃时测出未知浓度样品的旋光度，代入式(4-1) 即可求出浓度 c。

4.2　旋光仪的构造和测定原理

通常光源发出的光含有各种波长的光波，其光波在垂直于传播方向的一切方向上振动，这种光称为自然光。如果我们借助一种光学器件，从这种自然光中以某种方式选择出只在某平面内的方向上振动的一束平面偏振光，而摒弃另一束平面偏振光，这种光学器件称为偏振器。自然光经过偏振器后就可以转变成平面偏振光，但人的眼睛是无法辨别偏振光的。如果用两个偏振器一前一后放置，把第一个偏振器的方位固定，把第二个偏振器缓慢地转动，就可以观察到透射光的强度随着第二个偏振器的转动而出现周期性的变化，并且发现每转动90°就会重复出现发光强度从最大逐渐减弱到黑暗；如果继续转动第二个偏振器则光的强度又从最黑暗逐渐增强到最大。人们发现通过偏振器的透射光，它的振动限制在某一振动方向上。因此，第一个偏振器叫做起偏器，第二个偏振器叫做检偏器。

平面偏振光分为左旋或右旋圆偏振光两个组分。当偏振光通过普通物质时，左旋和右旋圆偏振光在此介质中传播速度相同，此偏振光仍在原振动平面内振动；当偏振光通过具有光学活性的物质时，左旋和右旋圆偏振光在此介质中的传播速度不相同，使此偏振光的振动平面偏离原振动平面而旋转了一个角度，此角度即为该光活性物质的旋光度。

旋光仪就是利用检偏器来测定旋光度的。旋光仪的光学系统结构如图4-1所示。

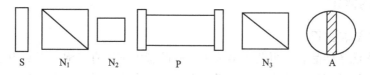

图 4-1　旋光仪光学系统
S—钠光光源；N_1—起偏镜；N_2—一块石英片；
N_3—检偏镜；P—样品管；A—目镜的视野

在 P 管盛放待测溶液，N_3 上附有刻度盘，当 N_3 旋转时，刻度盘随同转动，其旋转的角度可以从刻度盘上读出。若转动 N_3 的透射面与 N_1 的透射面相互垂直，则在目镜中观察到视野成黑。若再旋光管中盛以待测溶液，由于待测液具有旋光性，必须将 N_3 相应旋转一定的角度 α，目镜中才会又成黑暗，α 即为该物质的旋光度。但人们的视力对鉴别二次全黑相同的误差较大（可差4°~6°），因此设计了一种三分视野或二分视野，以提高人们观察的精确度。

为此，在 N_1 后放一块狭长的石英片 N_2，其位置恰巧在 N_1 中部。石英片具有旋光性，偏振光经 N_2 后偏转了一角度 α，在 N_2 后观察到的视野如图4-2(a)。OA 是经 N_1 后的振动

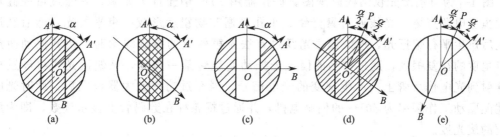

图 4-2　旋光仪的测量原理

方向，OA' 是经 N_1 后再经 N_2 后的振动方向，此时左右两侧亮度相同，而与中间不同，α 角称为半荫角。如果旋转 N_3 的位置是其透射面 OB 与 OA' 垂直，则经过石英片 N_2 的偏振光不能透过 N_3。目镜视野中出现中部黑暗而左右两侧较亮，如图 4-2(b) 所示。若旋转 N_3 使 OB 与 OA 垂直，则目镜视野中部较亮而两侧黑暗，如图 4-2(c) 所示。如调节 N_3 位置使 OB 的位置恰巧在如图 4-2(b) 和 (c) 的情况之间，则可以使视野三部分明暗相同，如图 4-2(d) 所示。此时 OB 恰好垂直于半荫角的角平分线 OP。由于人们视力对选择明暗相同的三分视野易于判断，因此在测定时先在 P 管中盛无旋光性的蒸馏水，转动 N_3，调节三分视野明暗度相同，此时的读数作为仪器的零点。当 P 管中盛有旋光性的溶液后，由于 OA 和 OA' 的振动方向都被转动某一角度，只有相应的把检偏镜 N_3 转动某一角度，才能使三分视野的明暗度相同，所得读数与零点之差即为被测溶液的旋光度。测定时若需将检偏镜 N_3 顺时针方向转某一角度，使三分视野明暗相同，则被测物质为右旋。反之则为左旋，常在角度前加正、负号表示。

若调节检偏镜 N_3 使 OB 与 OP 重合，如图 4-2(e) 所示，这时三分视野的明暗也应相同，但是 OA 与 OA' 在 OB 上的光强度比 OB 垂直 OP 时大，三分视野特别亮。由于人们的眼睛对弱亮度变化比较灵敏，调节亮度相等的位置更为精确。所以总是选取 OB 与 OP 垂直的情况作为旋光度的标准。

4.3 旋光度的测定

4.3.1 旋光仪零点校正

先用蒸馏水洗净样品管，再装入蒸馏水（样品管内不能有气泡，以免观察时视野模糊）。用干净纱布擦干样品管外面的水渍。把样品管放入旋光仪的样品室中，打开电源，预热仪器 10min 左右。旋转刻度盘直至三分视野中明暗度相等为止，以此为零点。

4.3.2 旋光度的测定

把具有旋光性的待测溶液润洗样品管 2～3 次，将待测溶液装入样品管，同上述方法进行测定，记下测得的旋光度数据。

4.4 自动旋光仪结构原理

目前国内生产的数字显示自动旋光仪，其三分视野检测、检偏镜角度的调整，都是采用光电检测器，通过电子放大及机械反馈系统自动进行，最后用数字显示旋光物质的浓度值及其变化。这种仪器灵敏度高，读数方便，可减少人为观察三分视野明暗度相等时产生的误差，对低旋光度样品也能适应。

图 4-3 为自动旋光仪结构原理图。该仪器用 20W 钠光灯为光源，并通过可控硅自动触发恒流电源点燃，光线通过聚光镜、小孔光栅和物镜后形成一束平行光，然后经过起偏镜后产生平行偏振光，这束偏振光经过有法拉第效应的磁旋线圈时，使其振动面产生一定角度的往复振动，通过样品的偏振光振动面旋转某一角度，该偏振光线再经过检偏镜透射到光电倍增管上，产生交变的光电信号，当经过功率放大器放大后，此时光电信号就能驱动工作频率为 50Hz 的伺服电机，并通过蜗轮杆在数码管上显示读数，即为所测物质的旋光度。

自动旋光仪的使用方法详见本书第二部分实验十三相关内容。

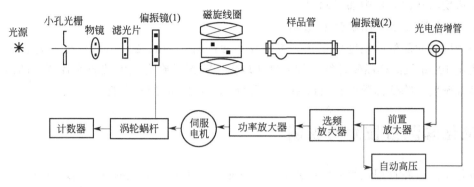

图 4-3　WZZ-2 型自动旋光仪结构原理图

4.5　影响旋光度测定的因素

4.5.1　溶剂的影响

旋光物质的旋光度主要取决于物质本身的构型。此外，还与测量时所用光的波长、温度和光线透过物质的厚度有关。如果被测物质是溶液，则影响因素还包括物质的浓度，溶剂可能也有一定影响，因此旋光物质的旋光度，在不同的条件下，测定结果往往是不一样的。由于旋光度与溶剂有关，因此测定比旋光度 $[\alpha]_D^t$ 值时，应说明使用什么溶剂，如不说明一般认为溶剂指水。

4.5.2　温度的影响

旋光度对温度比较敏感，温度的变化会引起旋光物质分子不同构型之间平衡态的改变，以及溶剂-溶质分子之间作用的改变，使分子本身的旋光度改变。一般温度效应的表达式如下：

$$[\alpha]_D^t = [\alpha]_D^{20} + Z(t-20) \tag{4-2}$$

式中　Z——温度系数；

　　　　t——测定时温度。

各种物质的 Z 值不同，一般在 $-0.1\sim0.04℃^{-1}$ 之间。因此测定时必须恒温，在样品管上装有恒温夹套，与超级恒温槽配套使用。

4.5.3　浓度对比旋光的影响

在固定的实验条件下，通常旋光物质的旋光度与其溶液的浓度成正比。可以利用这一关系来测量旋光物质的浓度及其变化。但是旋光度和浓度之间并非严格的线性关系，所以旋光物质的比旋光度严格地说并非常数，在给出 $[\alpha]_D^t$ 值时，必须说明测量浓度，在精密的测定中，比旋光度和浓度之间的关系一般可采用拜奥特提出的三个方程式之一表示：

$$[\alpha]_D^t = A + Bq \tag{4-3}$$

$$[\alpha]_D^t = A + Bg + Cq^2 \tag{4-4}$$

$$[\alpha]_D^t = A + \frac{Bq}{C+q} \tag{4-5}$$

式中　q——溶液的百分浓度；

A、B、C——常数。

式(4-3) 代表一条直线，式(4-4) 为一抛物线，式(4-5) 为双曲线。常数 A、B、C 可从不同浓度的几次测量中加以确定。

4. 5. 4 旋光管长度对比旋光的影响

旋光度与样品管的长度成正比。旋光仪一般配有 10cm、20cm、22cm 三种长度的样品管，使用 10cm 长的样品管计算比旋光度比较方便，但对旋光能力较弱或者较稀的溶液，为了提高准确度，降低读数的相对误差，可用 20cm 或 22cm 的样品管。

5 电化学测量技术与仪器

电化学测量在物理化学实验中占有重要的地位，电解质溶液的许多物理化学性质（如电导、离子迁移数、电离度等）、氧化还原体系的有关热力学函数（如标准电极电势、反应热、熵变，自由能变等），以及一些电极过程动力学参数（如交换电流密度）等常用电化学方法测量。

电化学测量技术不仅广泛应用于化学工业、冶金工业和金属防腐蚀，而且在其他实际领域的研究中也得到了广泛的应用。其测量技术除了传统的电化学的研究方法外，目前利用光、电、声、磁、辐射等实验技术来研究电极表面，逐渐形成一个非传统的电化学研究方法的新领域。

作为物理化学实验课程中的电化学部分，这里主要介绍的电化学测量与研究方法有电导、电导率、电池电动势的测量方法等。掌握了这些基本的实验方法，才能更好地掌握电化学知识、理解和运用好电化学近代的研究方法。

5.1 电导测量与仪器

5.1.1 电导、电导率

电解质电导是电化学中的一个重要参量，这个物理化学参量不仅反映了电解质溶液中离子存在的状态及运动的信息，而且由于稀溶液中电导与离子浓度之间呈简单的线性关系，而被广泛用于分析化学与化学动力学过程的测试。

电导是电阻的倒数，因此电导值实际上是通过电阻值的测量而换算得到的。一般常用电导作为参量求出电导率，其计算公式可表示为：

$$\kappa = G\frac{l}{A} \tag{5-1}$$

式中 l——测定电解质溶液时两电极间的距离，m；

A——电极面积，m^2；

G——电导，S；

κ——电导率，指面积为 $1m^2$，两电极相距 1m 时，溶液的电导，S/m。

电解质溶液的摩尔电导率 Λ_m 是指把含有 1mol 的电解质溶液置于相距为 1m 的电极之间的电导，单位为 $S \cdot m^2/mol$。若溶液浓度为 $c(mol/L)$，则含有 1mol 电解质溶液的体积为 $10^{-3}m^3$，Λ_m 与 κ 的关系可表示为：

$$\Lambda_m = \frac{\kappa \times 10^{-3}}{c} \tag{5-2}$$

若用同一仪器依次测定一系列液体的电导，由于电极面积（A）与电极间距离（l）保持不变，则测定电导就等于测定电导率。

5.1.2　电导、电导率的测量及仪器

5.1.2.1　电导的测量

前边已讲过电导是电阻的倒数，测量溶液的电导实际上是测其电阻。但在溶液电导的测量过程中，应注意不能用直流电源，因为直流电流通过电极时，由于离子在电极上会发生放电，致使电极周围溶液的组成发生变化而改变溶液的电导，同时往往会有气泡析出，产生极化引起误差，影响溶液电导的测量。故测量电导时要使用频率足够高的交流电，以防止电解产物的产生，并经常采用镀铂黑电极为测量电极，以减少极化作用。溶液电阻的测量，可用平衡交流电桥法进行测量。其原理如图 5-1 所示。

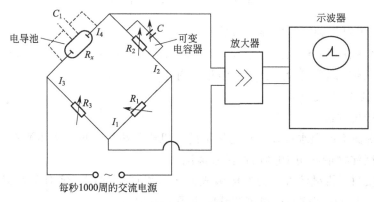

图 5-1　交流电桥装置示意图

将待测电解质溶液装入具有两个固定的镀有铂黑的铂电极的电导池中，电导池内溶液电阻为：

$$R_x = \frac{R_2}{R_1} \times R_3 \tag{5-3}$$

则电解质溶液的电导为：

$$G_x = \frac{1}{R_x} \tag{5-4}$$

因为电导池的作用相当于一个电容器，故电桥电路就包含一个可变电容 C，调节电容 C 来平衡电导池的容抗，将电导池接在电桥的一臂，以 1000Hz 的振荡器作为交流电源，以示波器作为零电流指示器，在寻找零点的过程中，电桥输出的信号十分微弱，因此示波器前加入放大器，得到 R_x 后，即可换算成电导。

电解质溶液的电导测量除可用平衡交流电桥法进行测量外，目前多采用电导仪进行，基本原理大致相同。

5.1.2.2　电导率的测量

测量电解质溶液的电导率时，目前广泛使用的有 DDS-12A 型、DDS-307 型等电导率仪，它们的测量精度高，操作简便。

（1）测量原理　电导率测量原理如图 5-2 所示可知

$$E_m = \frac{ER_m}{(R_m + R_x)} = \frac{ER_m}{(R_m + Q/\kappa)} \tag{5-5}$$

由式(5-5)可知，当 E、R_m 和 Q 均为常数时，电导率 κ 的变化必将引起 E_m 的变化，故测

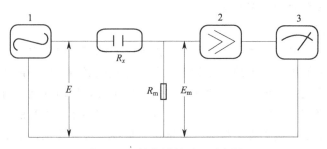

图 5-2 电导率测量原理示意图
1—振荡器；2—放大器；3—指示器

量 E_m 的大小，就可得到液体电导率的数值。

（2）电导率仪使用方法及注意事项 DDS-12A 型、DDS-307 型电导率仪使用方法及注意事项详见本书第二部分实验八、十四附相关内容。

（3）电导电极的清洗与储存

① 电导电极的清洗

a. 用含有洗涤剂的温水可以清洗电极上的有机成分沾污，也可以用酒精清洗。

b. 钙、镁沉淀物最好用 10% 的柠檬酸清洗。

c. 可以用软刷子机械清洗。但在电极表面不可以产生划痕，绝对不可以使用螺丝起子清除电极表面，甚至在用软刷子机械清洗时也需要特别注意。

d. 只能用化学方法清洗，用刷子机械清洗时会破坏在电极表面的镀层（铂层），化学方法清洗可能再生被损坏或被轻度污染的铂黑层。

② 电导电极的储存 光亮的铂电极，必须储存在干燥的地方。镀铂黑的铂电极不允许干放，必须储存在蒸馏水中。

5.2 原电池电动势的测量

5.2.1 原电池电动势测量的工作原理（详见本书第二部分实验九相关内容）

5.2.2 电极与电极制备

在原电池中，化学能转变为电能。原电池是由两个"半电池"所组成，每一个半电池有一个电极和相应的溶液组成。原电池的电动势是组成此电池的电极电势的代数和。电极电势的测量是通过被测电极与参比电极组成电池，测此电池电动势，然后根据参比电极的电势求出被测电极的电极电势，因此在测量电动势过程中需注意参比电极的选择。

5.2.2.1 第一类电极

包括金属电极和气体电极等，这类电极只有一个相界面。

（1）金属电极 如银电极、锌电极、铜电极，都属于金属电极。这类电极结构简单，只要将金属浸入含有该金属离子溶液中就构成了半电池。因为许多金属表面容易被氧化、污染，因此在用金属制成电极时，应清洗金属表面，进行相应的活化处理。银电极可写为：

$$Ag(s)\,|\,Ag^+(aq)$$

电极反应：

$$Ag(s) \longrightarrow Ag^+(aq) + e^-$$

银电极的制备方法为：首先将商品银电极（或银棒）表面用丙酮溶液洗去油污，或用细砂纸打磨光亮，然后用蒸馏水冲洗干净，按图 5-3 连好线路，以银电极为阴极，铂电极为阳极，在电流密度为 $3\sim5mA/cm^2$ 时，镀半小时，得到银白色紧密银层的镀银电极，用蒸馏水冲洗干净，即可作为银电极使用。

（2）氢电极　氢电极主要用作电极电势的标准，是一种参比电极。可写为：

$$(Pt)H_2(p)\,|\,H^+(a_{H+})$$

其结构如图 5-4 所示。电极反应为：

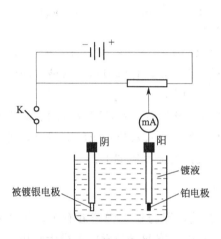

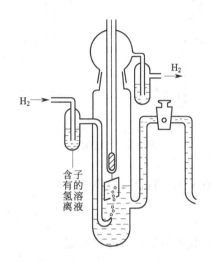

图 5-3　镀银线路图　　　　　　　　　　图 5-4　氢电极

在酸性溶液中　　　　　　　　　　$2H^+(aq)+2e^- \longrightarrow H_2(g)$

在碱性溶液中　　　　　　　　$2H_2O+2e^- \longrightarrow H_2(g)+2OH^-(aq)$

在氢电极中，把镀有铂黑的铂片浸入 $a_{H+}=1$ 的溶液中，并用 $p(H_2)=101325Pa$ 的干燥氢气不断冲击到铂电极上，就构成了标准氢电极。

氢电极的电极电势仅取决于液相的热力学性质，因而其实验条件容易重复。但由于其电极反应在许多金属上的可逆程度很低，因此在制备氢电极时必须选择对该反应有催化作用的惰性金属作为电极材料。一般采用大小适中的金属铂片。

标准氢电极是国际上一致规定电极电势为零的电势标准。任何电极都可以与标准氢电极组成电池，但是氢电极对氢气纯度要求高，操作比较复杂，氢离子活度必须十分准确，而且氢电极十分敏感，受外界干扰大，用起来十分不方便。

5.2.2.2　第二类电极

包括微溶盐电极和微溶氧化物电极。

微溶盐电极是将金属覆盖一层该金属的一种微溶盐，然后浸入含有该微溶盐负离子的溶液中。这种电极的特点是不对金属离子可逆，而对微溶盐的负离子可逆。最常用的微溶盐电极如：甘汞电极、银-氯化银电极。

微溶氧化物电极是将金属覆盖一薄层该金属的氧化物，然后浸入含有 H^+ 或 OH^- 的溶液中而构成。如常用的汞-氧化汞电极。

在电化学中，第二类电极有较重要的意义。因为有许多负离子没有对应的第一类电极存在，但可以形成第二类电极。还有一些负离子，虽有对应的第一类电极，亦常常制成第二类

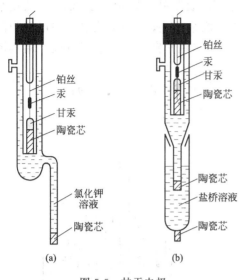

图 5-5　甘汞电极

电极，因为第二类电极比较容易制备并且使用方便。这里主要介绍最常用的微溶盐参比电极甘汞电极和银-氯化银电极。

（1）甘汞电极　由于氢电极的制备和使用不太方便，实验室中常用甘汞电极作为参比电极，因为甘汞电极具有装置简单，可逆性高，制造方便，电势稳定等优点。甘汞电极表示形式如下：

$$\text{Hg(l)} \mid \text{Hg}_2\text{Cl}_2(\text{s}) \mid \text{KCl(aq)}$$

电极反应为：

$$\text{Hg}_2\text{Cl}_2(\text{s}) + 2\text{e}^- \longrightarrow 2\text{Hg(l)} + 2\text{Cl}^-(\text{aq})$$

甘汞电极形状很多，有单液接、双液接两种。其构造如图 5-5 所示。

不管哪一种形状，在玻璃容器的底部都装入少量的汞，然后装入汞和甘汞的糊状物，再注入氯化钾溶液，将作为导体的铂丝插入，即构成甘汞电极，电极反应如下：

$$\varphi_{\text{甘汞}} = \varphi_{\text{甘汞}}^{\ominus} - \frac{RT}{F}\ln a_{\text{Cl}^-} \tag{5-6}$$

从式中可见，$\varphi_{\text{甘汞}}$ 仅与温度和氯离子活度 a_{Cl^-} 有关，即与氯化钾溶液有关。故甘汞电极有 0.1mol/L、1.0mol/L 和饱和氯化钾甘汞电极，其中以饱和式甘汞电极最为常用。不同甘汞电极的电极电势与温度的关系见表 5-1。

表 5-1　不同氯化钾溶液浓度的 $\varphi_{\text{甘汞}}$（V）与温度 t（℃）的关系

氯化钾溶液浓度/(mol/L)	电极电势 $\varphi_{\text{甘汞}}$/V
饱和	$0.2412 - 7.6 \times 10^{-4}(t-25)$
1.0	$0.2801 - 2.4 \times 10^{-4}(t-25)$
0.1	$0.3337 - 7.0 \times 10^{-4}(t-25)$

使用饱和式甘汞电极注意事项。

① 使用饱和式甘汞电极时，电极内溶液中应保留少许氯化钾晶体以保证溶液的饱和。否则需添加氯化钾晶体。

② 使用电极时将电极上下端的橡皮保护套取掉，测定完毕将电极取出用去离子水淋洗，戴上橡皮保护套。

③ 电极不要长时间浸泡在待测溶液中，否则会使待测液受氯化钾污染或电极内部被待测液污染。

（2）银-氯化银电极　银-氯化银电极是实验室中另一种常用的参比电极，这种电极的优点是具有良好的稳定性，无毒、耐震。其电极反应及电极电势表示如下：

$$\text{AgCl(s)} + \text{e}^- \longrightarrow \text{Ag(s)} + \text{Cl}^-(\text{aq})$$

$$\varphi_{\text{AgCl-Ag}\mid\text{Cl}^-} = \varphi_{\text{AgCl-Ag}\mid\text{Cl}^-}^{\ominus} - \frac{RT}{F}\ln a_{\text{Cl}^-} \tag{5-7}$$

从式中可见，$\varphi_{\text{AgCl-Ag}\mid\text{Cl}^-}$ 也只与温度和溶液中的氯离子活度有关。

氯化银电极的制备方法很多，比较简单的方法是将在镀银溶液中镀上一层纯银后，再将镀过银的电极作为阳极，铂丝作为阴极，在1mol盐酸中电镀一层AgCl。把此电极插入HCl溶液，就成了Ag/AgCl电极。制备Ag/AgCl电极时，在相同的电流密度下，镀银时间与镀氯化银的时间比最合适是控制在3：1。

使用氯化银电极时应注意几点：

① 氯化银电极不用时需浸泡在与待测体系有相同Cl⁻浓度的氯化钾溶液中，否则氯化银会因干燥而剥落；

② 使用前要检查电极是否完好；

③ 电极应在棕色瓶中避光保存，因为氯化银遇光会分解。

5.2.2.3 第三类电极

又称氧化还原电极，是由惰性金属插入含有某种离子的两种不同价态的溶液中而构成。应指出，任何电极上发生的反应都是氧化或还原反应，这里的氧化还原电极是专指两种不同价态离子之间相互转化，电极金属片只起传导电流作用。常见的醌氢醌电极的电极反应及电极电势表示如下：

$$C_6H_4O_2 + 2H^+ + 2e^- \longrightarrow C_6H_4(OH)_2$$

$$\varphi_{醌氢醌} = \varphi^{\ominus}_{醌氢醌} - \frac{RT}{2F}\ln\frac{a_{氢醌}}{a_{醌}\,a_{H^+}}$$

$$\varphi_{醌氢醌} = \varphi^{\ominus}_{醌氢醌} + \frac{RT}{F}\ln a_{H^+} \tag{5-8}$$

$$a_{氢醌} = a_{醌}$$

醌、氢醌在溶液中浓度很小，而且相等，即

$$a_{氢醌} = a_{醌}$$

$$\varphi_{醌氢醌} = \varphi^{\ominus}_{醌氢醌} + \frac{RT}{F}\ln a_{H^+} \tag{5-9}$$

5.2.3 标准电池

在测定电池的电动势时，需要一个电动势必须精确已知，并且其数值能保持长期稳定不变的辅助电池，此电池称为标准电池。标准电池的电动势具有很好的重现性和稳定性，是电化学实验中基本校验仪器之一，常用的标准的电池是韦斯顿标准电池，其构造如图5-6所示。电池由一个H形管构成，负极为含镉12.5%的镉汞齐（图5-6，1），正极为汞和硫酸亚汞的糊状物（图5-6，2、3），在糊状物汞齐上方分别放有$CdSO_4 \cdot \frac{8}{3}$

H_2O晶体（图5-6，4）和其饱和溶液（图5-6，5），管的顶端加以密封。电池反应式如下：

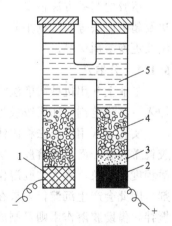

图5-6 标准电池

1—含镉12.5%的镉汞齐；2—汞；
3—硫酸亚汞的糊状物；4—硫酸镉
晶体；5—硫酸镉饱和溶液

负极　　　$Cd(汞齐) \longrightarrow Cd^{2+} + 2e^-$

$$Cd^{2+} + SO_4^{2-} + \frac{8}{3}H_2O \longrightarrow CdSO_4 \cdot \frac{8}{3}H_2O(s)$$

正极　$Hg_2SO_4(s) + 2e^- \longrightarrow 2Hg(l) + SO_4^{2-}$

总反应：$Cd(汞齐) + Hg_2SO_4 + \frac{8}{3}H_2O \longrightarrow 2Hg(l) + CdSO_4 \cdot \frac{8}{3}H_2O(s)$

标准电池的电动势很稳定，重现性好。只有制备电池的材料极纯，并且按规定配方工艺制作时，电池的电动势值才基本一致。

标准电池经检定，其温度系数很小，电动势很稳定。20℃时，电动势为 1.01865V，其他温度下可按下式计算：

$$E_t/(V) = 1.01865 - 4.05 \times 10^{-5}(t-20) - 9.5 \times 10^{-7}(t-20)^2 + 1 \times 10^{-8}(t-20)^3 \quad (5\text{-}10)$$

使用标准电池应注意：

① 使用温度 4~40℃；

② 正极、负极不能接反；

③ 不能振荡，不能倒置，携取要平稳；

④ 标准电池，不能作为电源使用，只是校验器。通过标准电池的电流应控制在允许的范围之内，一般不允许大于 0.1mA；测量时间要短暂、间歇地使用，以免电流过大，损坏电池；绝不允许电池短路；

⑤ 不能用万用表直接测量标准电池；

⑥ 按规定时间，必须经常进行计量校正；

⑦ 电池不能直接暴露在日光下，因为光会使 Hg_2SO_4 变质。

6 胶体化学实验技术与仪器

胶体化学是一门研究物质表面现象和分散体系的科学。其研究的主要问题有表面相的性质；分散体系的存在条件以及影响体系稳定性的因素；分散体系的稳定因子以及分散相粒子之间的相互作用等。

6.1 溶胶的制备

溶胶的制备方法很多。若以粗分散系统为原料制备溶胶可用分散法，包括研磨法、电弧法及超声波法等；若以小分子溶液为原料制备溶胶可用凝聚法，包括物理凝聚法、化学反应法及更换溶剂法等。

6.1.1 分散法

工业上常用机械研磨法将大的固体颗粒磨细而制成溶胶。为了使新制成的溶胶稳定，常加入一些稳定剂，如明胶或丹宁之类的化合物。

实验室常用溶胶法将固体分散而制备溶胶。溶胶法又称解胶法，是把暂时聚集在一起的胶粒重新分开而形成溶胶。这种新生成的固体沉淀物在适当条件下能重新分散而达到胶体分散程度的现象，称为"胶溶作用"。如实验室常用氢氧化铁制备溶胶，由于制备时缺少稳定剂，因此会产生沉淀，如果在新生成的沉淀中加入具有相同离子的三氯化铁电解质溶液进行搅拌，借助胶溶作用则可制成较稳定的溶胶。

6.1.2 凝聚法

凝聚法是将分子、离子等凝聚而形成溶胶粒子的方法。

利用适当的物理过程使某物质凝聚成胶体的粒子称为物理凝聚法。蒸气凝聚法和改换溶剂法是两种最重要的物理凝聚法，如雾的形成就属蒸气凝聚法，当气温降低，空气中水的蒸气压大于液体的饱和蒸气压时，则气相中生成新的液相，也就是雾。根据物质在不同溶剂中的溶解度相差悬殊这一性质进行的方法称为改换溶剂法，如将松香的乙醇溶液加入到水中，由于松香在水中的溶解度低，则松香以溶胶颗粒大小析出而形成松香的水溶胶。

所有的复分解、水解、氧化还原等反应，凡能生成不溶物者，在适当的浓度和其他条件下均可制得溶胶，都属于化学凝聚法。由于离子的浓度对溶胶的稳定性有直接影响，在制备溶胶时要控制好电解质的浓度。

6.1.3　电弧法

将制备溶胶的金属做成两个电极，浸泡在不断冷却的水中，加入适当的酸或碱作为稳定剂，在两极之间通上 100V 左右的直流电，调节两电极之间的距离使之放电，在高温下，被气化的金属遇水就会立即冷却而凝聚成溶胶。

6.2　溶胶的净化

新制备的溶胶，往往含有过多的电解质或其他杂质，不利于溶胶的稳定存在，需要将其除去或部分地除去，称之为"溶胶的净化"。用少量的电解质可以使溶胶质点因吸附离子而带电，起到稳定溶胶的作用，但过量的电解质对溶胶的稳定反而是不利的。因此，溶胶制得后是需要经过净化处理的。

目前净化溶胶的方法都利用了溶胶粒子不能透过半透膜，而一般小分子杂质及电解质能透过半透膜的性质。最常用的净化方法是渗析法，是将待净化的溶胶与溶剂用半透膜隔开，溶胶一侧的杂质就通过半透膜进入溶剂一侧，不断更换新鲜溶剂，即可达到净化的目的。用渗析法净化溶胶虽然简单，但费时间，一般需要持续数十小时甚至数十天。为了加快渗析速度，可以采取升高温度或采用电渗析。渗析常用的半透膜有火棉胶膜、醋酸纤维膜等。

净化溶胶还可以用超过滤方法。这种方法是用孔径极小而孔数极多的膜片作为滤膜，利用压差使溶胶流经滤膜，使过多的电解质透过滤膜被除掉。

6.3　稳压电泳仪

DYY-1C 型稳压电泳仪如图 6-1 所示。DYY-1C 型稳压电泳仪是低压小电流电泳仪，具有体积小、操作方便等优点。所用电气元件都安装在一个工程塑料机箱中。前面控制板包含电压表、电源开关、电压/电流指示选择开关、电极插座、输出调节旋钮；后面板包含电源插座、保险管座。输入电源 220V、50Hz，输入功率约 20VA，输出电源范围 0～100V，输出电流范围 0～50mA。

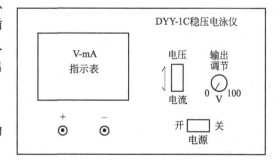

图 6-1　DYY-1C 型稳压电泳仪示意图

6.3.1　使用方法

① 首先确定仪器电源开关是否在关的位置。

② 连接电源线。

③ 将黑红两种颜色的电极线对应插入仪器输出插口，并与电泳槽相对应插口连接好（如果发现电极插头与插口之间接触松，可用小改锥将插头弹簧片向外拨一下）。

④ 确定电泳槽中的试剂配制是否符合要求。

⑤ 将输出旋钮调零。

⑥ 打开电源开关（灯亮）。

⑦ 选择"电压/电流"指示。

⑧ 缓缓调节输出旋钮到所需值。

⑨ 使用完毕关机。

6.3.2 注意事项

① 本仪器输出电压最高可达 100V，使用中应避免人体接触输出端各部分。

② 应定期检查电极连线是否连接良好。

附录　物理化学实验常用数据表

表 1　国际单位制的基本单位

量的名称	单位名称	单位符号	量的名称	单位名称	单位符号
长度	米	m	热力学温度	开[尔文]	K
质量	千克(公斤)	kg	物质的量	摩[尔]	mol
时间	秒	s	发光强度	坎[德拉]	cd
电流	安[培]	A			

表 2　国际单位制的辅助单位

量的名称	单位名称	单位符号
平面角	弧度	rad
立体角	球面度	sr

表 3　国际单位制的一些导出单位

物 理 量	名 称	代号 国际	代号 中文	用国际制基本单位表示的关系式
频率	赫兹	Hz	赫	s^{-1}
力	牛顿	N	牛	$m \cdot kg \cdot s^{-2}$
压力	帕斯卡	Pa	帕	$m^{-1} \cdot kg \cdot s^{-2}$
能、功、热	焦耳	J	焦	$m^2 \cdot kg \cdot s^{-2}$
功率、辐射通量	瓦特	W	瓦	$m^2 \cdot kg \cdot s^{-3}$
电量、电荷	库仑	C	库	$s \cdot A$
电位、电压、电动势	伏特	V	伏	$m^2 \cdot kg \cdot s^{-3} \cdot A^{-1}$
电容	法拉	F	法	$m^2 \cdot kg^{-1} \cdot s^4 \cdot A^2$
电阻	欧姆	Ω	欧	$m^2 \cdot kg \cdot s^{-3} \cdot A^{-2}$
电导	西门子	S	西	$m^{-2} \cdot kg^{-1} \cdot s^3 \cdot A^2$
磁通量	韦伯	Wb	韦	$m^2 \cdot kg \cdot s^{-2} \cdot A^{-1}$
磁感应强度	特斯拉	T	特	$kg \cdot s^{-2} \cdot A^{-1}$
电感	亨利	H	亨	$m^2 \cdot kg \cdot s^{-2} \cdot A^{-2}$
光通量	流明	lm	流	$cd \cdot sr$
光照度	勒克斯	lx	勒	$m^{-2} \cdot cd \cdot sr$
黏度	帕斯卡秒	Pa·s	帕·秒	$m^{-1} \cdot kg \cdot s^{-1}$
表面张力	牛顿每米	N/m	牛/米	$kg \cdot s^{-2}$
热容量、熵	焦耳每开	J/K	焦/开	$m^2 \cdot kg \cdot s^{-2} \cdot K^{-1}$
比热	焦耳每千克每开	J/(kg·K)	焦/(千克·开)	$m^2 \cdot s^{-2} \cdot K^{-1}$
电场强度	伏特每米	V/m	伏/米	$m \cdot kg \cdot s^{-3} \cdot A^{-1}$
密度	千克每立方米	kg/m³	千克/米³	$kg \cdot m^{-3}$

表4 国际制词冠

因 数	词冠	名 称	词冠符号	因 数	词冠	名 称	词冠符号
10^{12}	tera	（太）	T	10^{-1}	deci	（分）	d
10^{9}	giga	（吉）	G	10^{-2}	centi	（厘）	c
10^{6}	mega	（兆）	M	10^{-3}	milli	（毫）	m
10^{3}	kilo	（千）	k	10^{-6}	micro	（微）	μ
10^{2}	hecto	（百）	h	10^{-9}	nano-	（纳）	n
10^{1}	deca	（十）	da	10^{-12}	pico	（皮）	P
				10^{-15}	femto	（飞）	f
				10^{-18}	atto	（阿）	a

表5 单位换算

单位名称	符号	折合SI单位	单位名称	符号	折合SI单位
力的单位			**功能单位**		
1公斤力	kgf	$=9.80665N$	1瓦特·小时	w·h	$=3600J$
1达因	dyn	$=10^{-5}N$	1·卡	cal	$=4.1868J$
黏度单位			**功率单位**		
泊	P	$=0.1N·S/m^2$	公斤力·米/秒	kgf·m/s	$=9.80665W$
厘泊	CP	$=10^{-3}N·S/m^2$	1尔格/秒	erg/s	$=10^{-7}W$
压力单位			1大卡/小时	kcal/h	$=1.163W$
毫巴	mbar	$=100N/m^2(Pa)$	1卡/秒	cal/s	$=4.1868W$
1达因/厘米^2	dyn/cm^2	$=0.1N/m^2(Pa)$	**比热容单位**		
1公斤·力/厘米^2	kg·f/cm^2	$=98066.5N/m^2(Pa)$	1卡/克·度	cal/(g·℃)	$=4186.8J/(K·℃)$
1工程大气压	af	$=98066.5N/m^2(Pa)$	1尔格/克·度	erg/(g·℃)	$=10^{-4}J/(K·℃)$
1标准大气压	atm	$=101324.7N/m^2(Pa)$	**电磁单位**		
1毫米水高	mmH$_2$O	$=9.80665N/m^2(Pa)$	1伏·秒	V·s	$=1Wb$
1毫米汞高	mmHg	$=133.322N/m^2(Pa)$	1安小时	A·h	$=3600C$
功能单位			1德拜	D	$=3.334×10^{-30}C·m$
1公斤力·米	kgf·m	$=9.80665J$	1高斯	G	$=10^{-4}T$
1尔格	erg	$=10^{-7}J$	1奥斯特	Oe	$=(1000/4\pi)A$
升·大气压	1·atm	$=101.328J$			

表6 物理化学常数

常数名称	符号	数 值	单位（SI）	单位（cgs）
真空光速	c	2.99792458	10^8 米·秒$^{-1}$	10^{10}厘米·秒$^{-1}$
基本电荷	e	1.6021892	10^{-19}库仑	10^{-20}厘米$^{\frac{1}{2}}$·克$^{\frac{1}{2}}$
阿佛伽德罗常数	N_A	6.022045	10^{23}摩$^{-1}$	10^{23}克分子$^{-1}$
原子质量单位	u	1.6605655	10^{-27}千克	10^{-24}克
电子静质量	m_e	9.109534	10^{-31}千克	10^{-28}克
质子静质量	m_p	1.6726485	10^{-27}千克	10^{-24}克
法拉第常数	F	9.648456	10^4库仑·摩$^{-1}$	10^3厘米$^{\frac{1}{2}}$·克$^{\frac{1}{2}}$·克分子$^{-1}$
普朗克常数	h	6.626176	10^{-34}焦耳·秒$^{-1}$	10^{-27}尔格·秒
电子质荷比	e/m_e	1.7588047	10^{11}库仑·千克$^{-1}$	10^7厘米$^{\frac{1}{2}}$·克$^{-\frac{1}{2}}$
里德堡常数	$R∞$	1.097373177	10^7米$^{-1}$	10^5厘米$^{-1}$
玻尔磁子	μ_B	9.274078	10^{-24}·焦耳·特$^{-1}$	10^{-21}尔格·高斯$^{-1}$
气体常数	R	8.31441	焦耳·度$^{-1}$·摩$^{-1}$	10^7尔格·度$^{-1}$·克分子$^{-1}$

续表

常数名称	符号	数　值	单位(SI)	单位(cgs)
		1.9872		卡·度$^{-1}$·克分子$^{-1}$
		0.0820562		升·大气压·克分子$^{-1}$·度$^{-1}$
玻耳兹曼常数	k	1.380662	10^{-23}焦耳·度$^{-1}$	10^{-16}尔格·度一''
万有引力常数	G	6.6720	10^{-11}牛顿·米^2·千克$^{-2}$	10^{-8}达因·厘米^2·克$^{-2}$
重力加速度	g	9.80665	米·秒$^{-2}$	10^2厘米·秒$^{-2}$

表7　不同温度下纯水的蒸气压

温度/℃	蒸气压/Pa	温度/℃	蒸气压/Pa	温度/℃	蒸气压/Pa	温度/℃	蒸气压/Pa
−15.0	191.5	26.0	3360.91	67.0	27326	108.0	133911
−14.0	208.0	27.0	3564.9	68.0	28554	109.0	138511
−13.0	225.5	28.0	3779.5	69.0	29828	110	143263
−12.0	244.5	29.0	4005.4	70.0	31157	111	148147
−11.0	264.9	30.0	4242.8	71.0	32517	112	153152
−10.0	286.5	31.0	4492.38	72.0	33943	113	158309
−9.0	310.1	32.0	4754.7	73.0	35423	114	163619
−8.0	335.2	33.0	5053.1	74.0	36956	115	169049
−7.0	362.0	34.0	5319.38	75.0	38543	116	174644
−6.0	390.8	35.0	5489.5	76.0	40183	117	180378
−5.0	421.7	36.0	5941.2	77.0	41916	118	186275
−4.0	454.6	37.0	6275.1	78.0	43636	119	192334
−3.0	489.7	38.0	6625.0	79.0	45462	120	198535
−1.0	527.4	39.0	6986.3	80.0	47342	121	204889
−0.0	567.7	40.0	7375.9	81.0	49289	122	211459
0.0	610.5	41.0	7778	82.0	51315	123	218163
1.0	656.7	42.0	8199	83.0	53408	124	225022
2.0	705.8	43.0	8639	84.0	55568	125	232104
3.0	757.9	44.0	9101	85.0	57808	126	239329
4.0	813.4	45.0	9583.2	86.0	60114	127	246756
5.0	872.3	46.0	10086	87.0	62488	128	254356
6.0	935.0	47.0	10612	88.0	64941	129	262158
7.0	1001.6	48.0	11163	89.0	67474	130	270124
8.0	1072.6	49.0	11735	90.0	70095	135	312941
9.0	1147.8	50.0	12333	91.0	72800	140	361425
10.0	1228	51.0	12959	92.0	75592	145	415533
11.0	1312	52.0	13611	93.0	78473	150	476024
12.0	1402.3	53.0	14292	94.0	81338	155	543405
13.0	1497.3	54.0	15000	95.0	84513	160	618081
14.0	1598.1	55.0	15737	96.0	87675	165	700762
15.0	1704.92	56.0	16505	97.0	90935	170	792055
16.0	1817.7	57.0	17308	98.0	94295	175	892468
17.0	1937.2	58.0	18142	99.0	97770	180	1002608
18.0	2063.4	59.0	19012	100.0	101324	185	1123083
19.0	2196.74	60.0	19916	101.0	104734	190	1255008
20.0	2337.8	61.0	20856	102.0	108732	195	1398383
21.0	2486.6	62.0	21834	103.0	112673	200	1554423
22.0	2643.47	63.0	22849	104.0	116665	205	1723865
23.0	2808.82	64.0	23906	105.0	120799	210	1907235
24.0	2983.34	65.0	25003	106.0	125045	215	2105528
25.0	3167.2	66.0	26143	107.0	129402		

注：摘自 Robert C. Weast《CRC Handbook of Chemistry and Physics》(63rd edition)，1982～1983，D-197。

表 8 不同温度下水的折射率、黏度和介电常数

温度 /℃	折射率 n_D	黏度[1] $\eta/\times 10^3 kg/(m \cdot s)$	介电常数[2] ε	温度 /℃	折射率 n_D	黏度[1] $\eta/\times 10^3 kg/(m \cdot s)$	介电常数[2] ε
0	1.33395	1.7702	87.74	35	1.33131	0.7190	74.83
5	1.33388	1.5108	85.76	40	1.33061	0.6526	73.15
10	1.33369	1.3039	83.83	45	1.32985	0.5972	71.51
15	1.33339	1.1374	81.95	50	1.32904	0.5468	69.91
20	1.33300	1.0019	80.10	55	1.32817	0.5042	68.35
21	1.33290	0.9764	79.73	60	1.32725	0.4669	66.82
22	1.33280	0.9532	79.38	65		0.4341	65.32
23	1.33271	0.9310	79.02	70		0.4050	63.86
24	1.33261	0.9100	78.65	75		0.3792	62.43
25	1.33250	0.8903	78.30	80		0.3560	61.03
26	1.33240	0.8703	77.94	85		0.3352	59.66
27	1.33229	0.8512	77.60	90		0.3165	58.32
28	1.33217	0.8328	77.24	95		0.2995	57.01
29	1.33206	0.8145	76.90	100		0.2840	55.72
30	1.33194	0.7973	76.55				

① 黏度是指，单位面积的液层以单位速度流过相隔单位距离的固定液面时所需的切线力。其单位是 N·s/m² 或 kg/(m·s) 或 Pa·s。

② 介电常数（相对）是指，某物质作介质时，与相同条件真空情况下电容的比值。故介电常数又称相对电容率，无量纲。

注：摘自 John A. Dean《Lange's Handbook of Chemistry》(13th edition)，1985，10-99。

表 9 一些有机物质的蒸气压

物质的蒸气压 p(Pa) 按下式计算：

$$\lg p = A - \frac{B}{C+t} + D$$

式中，A、B、C 为常数；t 为温度，℃；D 为压力单位的换算因子，其值为 2.1249。

名 称	分子式	适用温度范围/℃	A	B	C
四氯化碳	CCl_4		6.87926	1212.021	226.41
氯仿	$CHCl_3$	$-30 \sim 150$	6.90328	1163.03	227.4
甲醇	CH_4O	$-14 \sim 65$	7.89750	1474.08	229.13
1,2-二氯乙烷	$C_2H_4Cl_2$	$-31 \sim 99$	7.0253	1271.3	222.9
醋酸	$C_2H_4O_2$	$0 \sim 36$	7.80307	1651.2	225
		$36 \sim 170$	7.18807	1416.7	211
乙醇	C_2H_6O	$-2 \sim -100$	8.32109	1718.10	237.52
丙酮	C_3H_6O	$-30 \sim 150$	7.02447	1161.0	224
异丙醇	C_3H_8O	$0 \sim 101$	8.11778	1580.92	219.61
乙酸乙酯	$C_4H_8O_2$	$-20 \sim 150$	7.09808	1238.71	217.0
正丁醇	$C_4H_{10}O$	$15 \sim 131$	7.47680	1362.39	178.77
苯	C_6H_6	$-20 \sim 150$	6.90561	1211.033	220.790
环己烷	C_6H_{12}	$20 \sim 81$	6.84130	1201.53	222.65
甲苯	C_7H_3	$-20 \sim 150$	6.95464	1344.80	219.482
乙苯	C_8H_{10}	$-20 \sim -150$	6.95719	1424.251	213.206

注：摘自 John A. Dean，《Lange's Handbook of Chemistry》，12th（0~3）(1979)。

表 10　一些常用液体的折射率（25℃）

名　称	n_D^{25}	名　称	n_D^{25}
甲醇	1.326	氯仿	1.444
水	1.33252	四氯化碳	1.459
乙醚	1.352	乙苯	1.493
丙酮	1.357	甲苯	1.494
乙醇	1.359	苯	1.498
醋酸	1.370	苯乙烯	1.545
乙酸乙酯	1.370	溴苯	1.557
正己烷	1.372	苯胺	1.583
环己烷	1.42662	溴仿	1.587

注：摘自 Robert C. Weast，《Handbook of Chem. & Phys.》，63th E-375（1982～1983）。

表 11　不同温度下水的密度

$t/℃$	$\rho/(g/mL)$	$t/℃$	$\rho/(g/mL)$
0	0.99987	45	0.99025
3.98	1.0000	50	0.98807
5	0.99999	55	0.98573
10	0.99973	60	0.98324
15	0.99913	65	0.98059
18	0.99862	70	0.97781
20	0.99823	75	0.97489
25	0.99707	80	0.97183
30	0.99567	85	0.96865
35	0.99406	90	0.96534
38	0.99299	95	0.96192
40	0.99224	100	0.95838

注：摘自 Robert C. Weast，《Handbook of Chem. & Phys.》，63th F-11（1982～1983）。

表 12　一些有机化合物的密度

下列一些有机化合物的密度可用以下方程式计算：

$$\rho_t = \rho_0 + 10^{-3}\alpha(t-t_0) + 10^{-6}\beta(t-t_0)^2 + 10^{-9}r(t-t_0)^3$$

式中，ρ_0 为 $t_0 = 0℃$ 时的密度，g/cm^3；$1g/cm^3 = 10^3 kg/m^3$。

化合物	ρ_0	α	β	γ	温度范围
四氯化碳	1.63255	−1.9110	−0.690		0～40
氯仿	1.52643	−1.8563	−0.5309	−8.81	−53～+55
乙醚	0.73629	−1.1138	−1.237		0～70
乙醇	0.78506($t_0=25℃$)	−0.8591	−0.56	−5	
醋酸	1.0724	−1.1229	0.0058	−2.0	9～100
丙酮	0.81248	−1.100	−0.858		0～50
乙酸乙酯	0.92454	−1.168	−1.95	+20	0～40
环己烷	0.79707	−0.8879	−0.972	1.55	0～60

注：摘自《International Critical Tables of Numerical Data，Physics，Chemistry and Technology》Ⅲ，P.28。

表13　一些离子在水溶液中的摩尔离子电导（无限稀释）（25℃）

离子	$10^4\Lambda_+$ /(S·m²/mol)	离子	$10^4\Lambda_+$ /(S·m²/mol)	离子	$10^4\Lambda_+$ /(S·m²/mol)	离子	$10^4\Lambda_+$ /(S·m²/mol)
Ag^+	61.9	K^+	73.5	F^-	54.4	IO_3^-	40.5
Ba^{2+}	127.8	La^{3+}	208.8	ClO_3^-	64.4	IO_4^-	54.5
Be^{2+}	108	Li^+	38.69	ClO_4^-	67.9	NO_2^-	71.8
Ca^{2+}	118.4	Mg^{2+}	106.12	CN^-	78	NO_3^-	71.4
Cd^{2+}	108	NH_4^+	73.5	CO_3^{2-}	144	OH^-	198.6
Ce^{3+}	210	Na^+	50.11	CrO_4^{2-}	170	PO_4^{3-}	207
Co^{2+}	106	Ni^{2+}	100	$Fe(CN)_6^{4-}$	444	SCN^-	66
Cr^{3+}	201	Pb^{2+}	142	$Fe(CN)_6^{3-}$	303	SO_3^{2-}	159.8
Cu^{2+}	110	Sr^{2+}	118.92	HCO_3^-	44.5	SO_4^{2-}	160
Fe^{2+}	108	Tl^+	76	HS^-	65	Ac^-	40.9
Fe^{3+}	204	Zn^{2+}	105.6	HSO_3^-	50	$C_2O_4^{2-}$	148.4
H^+	349.82			HSO_4^-	50	Br^-	73.1
Hg^+	106.12			I^-	76.8	Cl^-	76.35

注：1. 各离子的温度系数除 H^+（0.0139）和 OH^-（0.018）外均为 0.02℃$^{-1}$。

2. 摘自 John A. Dean，《Lange'e. Handbook of Chemistry》，12th. 6～34（1979）。

表14　不同温度下水的表面张力 σ（×10³N/m）

t/℃	σ	t/℃	σ	t/℃	σ	t/℃	σ
0	75.64	17	73.19	26	71.82	60	66.18
5	74.92	18	73.05	27	71.66	70	64.42
10	74.22	19	72.90	28	71.50	80	62.61
11	74.07	20	72.75	29	71.35	90	60.75
12	73.93	21	72.59	30	71.18	100	85.85
13	73.78	22	72.44	35	70.38	110	56.89
14	73.64	23	72.28	40	69.56	120	54.89
15	73.59	24	72.13	45	68.74	130	52.84
16	73.34	25	71.97	50	67.91		

注：引自 John A. Dean；《Lange's Handbook of Chemistry》，11th ed. 10～265（1973）。

表15　IPTS-68 定义固定点

定点的名称	平衡态	国际实用温标给定值	
		T_{68}/K	t_{68}/℃
平衡氢三相点	平衡氢固态、液态、气态间的平衡	13.81	−259.34
平衡氢17.042点	在 33330.6Pa 压力下,氢液态、气态间的平衡	17.042	−256.108
平衡氢沸点	平衡氢液态、气态间的平衡	20.28	−252.87
氖沸点	氖液态、气态间的平衡	27.102	−246.048
氧三相点	氧固态、液态、气态间的平衡	54.361	−218.789
氧沸点	氧液态、气态间的平衡	90.188	−182.962
水三相点	水固态、液态、气态间的平衡	273.16	0.01
水沸点	水液态、气态间的平衡	373.15	100

续表

定点的名称	平 衡 态	国际实用温标给定值	
		T_{68}/K	$t_{68}/℃$
锌凝固点	锌固态、液态间的平衡	692.73	419.58
银凝固点	银固态、液态间的平衡	1135.08	961.93
金凝固点	金固态、液态间的平衡	1337.58	1064.43

注: 1. 除各三相点和一个平衡氢点 (17.0421K) 外，温度给定值都是指 p_0 标准大气压下的平衡态。

2. 水沸点也可用锡凝固点 ($T_{68}=505.1181K$, $t_{68}=231.9681℃$) 来代替。

3. 所用的水应有规定的海水同位素成分。

表 16 次级参考点

次级参考点	平 衡 态	国际实用温标给定值	
		T_{68}/K	$t_{68}/℃$
正常氢三相点	正常氢固态、液态、气态间的平衡	13.956	−259.194
正常氢沸点	正常氢液态、气态间的平衡	20.397	−252.753
氖三相点	氖固态、液态、气态间的平衡	24.555	−248.595
氧三相点	氧固态、液态、气态间的平衡	63.148	−210.002
氮沸点	氮液态、气态间的平衡	77.348	−195.802
二氧化碳升华点	二氧化碳固态、气态间的平衡	194.674	−78.476
汞凝固点	汞固态、液态间的平衡	234.288	−38.862
冰点	冰和空气饱和水的平衡	273.15	0
苯氧基苯三相点	苯氧基苯(二苯醚)固、液、气态间的平衡	300.02	26.87
苯甲酸三相点	苯甲酸固、液、气态间的平衡	395.52	122.37
铟凝固点	铟固态、液态间的平衡	429.784	156.634
铋凝固点	铋固态、液态间的平衡	544.592	271.442
镉凝固点	镉固态、液态间的平衡	594.258	321.108
铅凝固点	铅固态、液态间的平衡	600.652	327.502
汞沸点	汞液态、气态间的平衡	629.81	356.66
硫沸点	硫液态、气态间的平衡	7 17.824	444.674
锑凝固点	锑固态、液态间的平衡	903.89	630.74
铝凝固点	铝固态、液态间的平衡	933.52	660.37
铜凝固点	铜固态、液态间的平衡	1357.6	1084.5
镍凝固点	镍固态、液态间的平衡	1728	1455
钯凝固点	钯固态、液态间的平衡	1827	1554
铂凝固点	铂固态、液态间的平衡	2045	1772
铱凝固点	铱固态、液态间的平衡	2720	2447
锗凝固点	锗固态、液态间的平衡	2236	1963

表 17 元素的原子量

元素	符号	原子量	元素	符号	原子量	元素	符号	原子量
银	Ag	107.8682	铪	Hf	178.49	铷	Rb	85.4678
铝	Al	26.98154	汞	Hg	200.59	铼	Re	186.207
氩	Ar	39.948	钬	Ho	164.9304	铑	Rh	102.9055
砷	As	74.9216	碘	I	126.9045	钌	Ru	101.07
金	Au	196.9665	铟	In	114.82	硫	S	32.06
硼	B	10.81	铱	Ir	192.22	锑	Sb	121.75
钡	Ba	137.33	钾	K	39.0983	钪	Sc	44.9559
铍	Be	9.01218	氪	Kr	83.80	硒	Se	78.96
铋	Bi	208.9804	镧	La	138.9055	硅	Si	28.0855
溴	Br	79.904	锂	Li	6.941	钐	Sm	150.36
碳	C	12.011	镥	Lu	174.967	锡	Sn	118.69
钙	Ca	40.08	镁	Mg	24.305	锶	Sr	87.62
镉	Cd	112.41	锰	Mn	54.9380	钽	Ta	180.9479
铈	Ce	140.12	钼	Mo	95.94	铽	Tb	158.9254
氯	Cl	35.453	氮	N	14.0067	碲	Te	127.60
钴	Co	58.9332	钠	Na	22.98977	钍	Th	232.0381
铬	Cr	51.996	铌	Nb	92.9064	铥	Tm	168.9342
铯	Cs	132.9054	钕	Nd	144.24	钛	Ti	47.88
铜	Cu	63.546	氖	Ne	20.197	铊	Tl	204.383
镝	Dy	162.50	镍	Ni	58.669	铀	U	238.0289
铒	Er	167.26	镎	Np	237.0482	钒	V	50.9415
铕	Eu	151.96	氧	O	15.9994	钨	W	183.85
氟	F	18.998403	锇	Os	190.2	氙	Xe	131.29
铁	Fe	55.847	磷	P	30.97376	钇	Y	88.9059
镓	Ga	69.72	铅	Pb	207.2	镱	Yb	173.04
钆	Gd	157.25	钯	Pd	106.42	锌	Zn	65.38
锗	Ge	72.59	镨	Pr	140.9077	锆	Zr	91.22
氢	H	1.00794	铂	Pt	195.08			
氦	He	4.00260	镭	Ra	226.0254			

参 考 文 献

[1]　孙尔康，徐维清，邱金恒编. 物理化学实验 [M]. 南京：南京大学出版社，1998.

[2]　武汉大学化学与环境科学学院编. 物理化学实验 [M]. 武汉：武汉大学出版社，2000.

[3]　复旦大学等编. 物理化学实验 [M]. 第3版. 北京：人民教育出版社，2004.

[4]　北京大学化学系物理化学教研室编. 物理化学实验 [M]. 第四版. 北京：北京大学出版社，2002.

[5]　罗澄源等编. 物理化学实验 [M]. 第3版. 北京：高等教育出版社，2004.

[6]　J. M. 怀特著. 钱三鸿等译. 物理化学实验 [M]. 北京：人民教育出版社，1982.

[7]　印永嘉等编. 物理化学简明教程 [M]. 第4版. 北京：高等教育出版社，2011.

[8]　张春晔，赵谦. 物理化学实验 [M]. 第2版，南京：南京大学出版社，2006.

[9]　臧瑾光. 物理化学实验 [M]. 北京：北京理工大学出版社，1995.

[10]　傅献彩等编. 物理化学 [M]. 第5版. 北京：高等教育出版社，2005.

[11]　吴子生，严忠. 物理化学实验指导书 [M]. 长春：东北师范大学出版社，1995.

[12]　张平民等编. 物理化学实验 [M]. 长沙：中南工业大学出版社，1995.

[13]　刘寿长等编. 物理化学实验 [M]. 郑州：河南科学技术出版社，1997.

[14]　杨白勤等编. 物理化学实验 [M]. 北京：化学工业出版社，2001.

[15]　唐林，孟阿兰，刘红天编. 物理化学实验 [M]. 北京：化学工业出版社，2008.

[16]　鲁道荣等编. 物理化学实验 [M]. 合肥：合肥工业大学出版社，2006.

[17]　王丽芳，康艳诊编. 物理化学实验 [M]. 北京：化学工业出版社，2007.

[18]　张敬来等编. 物理化学实验 [M]. 开封：河南大学出版社，2008.